AIGC

創意美學之路

善用 AI 繪圖無限的可能性，
成為想像與創意飛翔的助力。

目錄

1 / 主要生成工具

2 / AI 生成的特性

3 / 創意與想像力

4 / 提示入門

5 / 基礎提示技巧

6 / 常見的十種 生成圖像技巧

前言

　　人類的發展使用了越來越多的科技，特別在 2023 年之後，許多原本我們認為應該是人類才能做的事情，漸漸開始要被生成式人工智慧取代。為了因應科技的發展，OECD 原本要在 2022 年推動創造力評測，希望我們教育青少年的重點從過往的閱讀、數學，轉移到創造力與想像力上。但因為 Covid19 疫情，這個創造力評測順延舉辦。

　　我在大學教授資訊視覺化，當 Midjourney 出來之後，原本想看看這樣的工具是否能夠協助學生提升資訊視覺化海報的靈感，但一用下去就沒有止境，因為這個領域變化很快，所以我開始在一些會議中分享相關主題，隨後在政大、國體大等學校開設工作坊，累積了上百小時的教學經驗，並於許多大學教發中心與其他老師分享。

　　本書累積了我教授中學生、大學生、社會人士及專業工作者的經驗，還有在教學中收集到很多寶貴的想法與意見，結合生成藝術過去幾十年發展累積的研究，整理成一本適合自學也能拿來教學的入門書，希望透過最新的生成圖像技術，讓一般讀者、老師與學生，都能使用這樣的工具來提升創造力與想像力，並提升對美及藝術的鑑賞力，最後有更多人能夠在自己的生活當中，將藝術變成一種溝通方式。

　　本書對應 PISA 創造力評測的合併、改善與原創 3 大想像力，配合生成圖像的功能，設計了許多自學練習，同時也能當成老師們備課及教學的參考。

致謝

　　本書內容主要來自於我於過去一年中的演講、教學心得，以及媒體雜誌的邀稿，十分感謝下列師長朋友的邀約、建議：

　　政大校長李蔡彥、政大新聞系退休教授鍾蔚文、新聞系鄭宇君教授、蕭上農、薛良斌、李慕約、許鴻潮、國語日報、中學生報、科學月刊、科學人雜誌、陸子鈞、侯宜秀、邵懿文、國體大江亦瑄教授等，讓我能夠在短短一年內，累積大量經驗，並結合過往學術的成果，發展出生成圖像的教學活動。

為什麼需要生成圖像

生成圖像最早源於生成藝術（Generative Art），讓電腦程式透過隨機性、不可控性等特質，產出人類無法完成的圖像，同時也檢視「電腦創意」這個議題。生成藝術最近加入了人工智慧的最新技術後，生成圖像工具已經成為一種快速發展的創作工具，充滿了想像力和創造力，從完全生成到局部生成都可以。

對於非設計師而言，透過生成圖像工具可以擴增自己在設計上的能力和創造力，就像 Excel 賦予我們很多人進階計算能力一樣。我在過去一年看過很多學生、專業工作者與教師，原本都不是設計領域，但臉書貼文都開始大量產出自己生成的圖片，或者利用在工作場合上。

在社群媒體的年代，對於非設計師而言，生成圖像最重要的影響不是「取代設計師」，而是取得以美學、視覺來表達自我情感的能力。在這個過程中，同時也可以大量測試不同藝術風格，並學習、理解、掌握風格，這一切都需要豐富的想像力。

對於設計師而言，生成圖像工具也提供了很多新的想像空間。首先，全生成的功能，可以快速產生草圖、獲得視覺元素、取得創意靈感。在半生成的環境中，甚至可以像傳統電腦繪圖一樣，從草圖開始構圖並逐步增加物件、修改直到完稿，這過程充分展現了設計師的創造力。

生成圖像的使用領域

隨著生成技術的發展，生成圖像的使用領域會越來越廣，從不會設計的人到會設計的人都可能使用生成圖像技術。目前的應用範圍包含但不限於下列使用方式：

直接使用生成作品

生成圖像工具目前可以產生品質相當好的圖像，但全生成模式中很難控制詳細的構圖，需要透過大量迭代、選圖、策展來完成自己的作品。但結合半生成的環境，再加上一些想像力，在生成圖像工具中完成一幅理想的作品就容易許多。對於設計師而言，生成圖像除了直接產生圖片，也可以生成素材，再利用其他軟體將這些素材合併在一起。

靈感來源

生成圖像工具因為學習了大量的圖像，在許多領域都具有比初學者更好的能力和創造力，不論是工業設計、平面設計、產品設計、室內設計，都可以快速獲得靈感。

創意發想

透過生成圖像的各種合併、改進功能，我們可以不斷測試各種概念的視覺化樣貌可能如何，讓想像力不再只限於大腦之中，可以具像化之後再調整。隨著生成工具的進步，各種畫布、修改、擴圖功能可以強化創意發想的能力。

名詞解釋

生成藝術：指 1960 年代起，利用演算法隨機產出文字、圖像、音樂甚至影像的一種藝術型式。

人工智慧生成圖像工具：指利用人工智慧技術學習、建構模型、產出生成藝術的工具，本書內也會直接以「生圖工具」代表人工智慧生成圖像工具。

提示：在人工智慧生成圖像的領域，「提示」或者英文的「Prompt」，是描述圖片內容的一串文字，例如「product photography, a golden mug, cloisonn depicting a lotus」（產品設計、金盃、掐絲琺瑯繪蓮花），提示的詳細用法，在本書後面會詳細描述。

構成詞：提示當中會有更多的細節，在本書中稱為「構成詞」，例如上述的提示中，包含了本體詞「product photography」、認識詞「a golden mug」與方法詞「cloisonn depicting a lotus」，這些分別都是構成詞。因為構成詞的長度不一樣，有些詞需要多個英文字組成才能達到效果。

指令：不同的工具擁有不同的指令，這些指令通常會提供生成圖像更多隨機效果、更多的細節。

參數：在指令當中，經常會讓使用者可以控制指令的強弱，這樣控制的數值在本書中稱為參數。

在 Midjourney 這樣的工具，構成詞、指令、參數通常都會完整寫在一起，形成一串很長的提示，但有些工具如 Leonardo 等，指令、參數是以視覺化介面來控制，所以提示只需要描述圖像。

模型：在大部分的生成工具當中，你有多種模型可以選擇，而且這個趨勢應該會一直持續下去，例如在 Midjourney 中，從第一代開始（千萬不要用啊），在短短的一年當中，更新了 4 個版本，表現越來越好。

NSFW：No Safe For Work的簡稱，通常指色情、暴露的圖片。不同平台對此的標準不一，若在教學上使用，也需要考量平台對 NSFW 的標準。目前 Bing 因為背後是微軟，管理最嚴格，DALL‧E、Midjourney 等平台原則上也是不希望被用於 NSFW 的圖像生成，但 Leonardo 標準則較為寬鬆。

全生成：生成圖像工具目前隨著技術發展，樣貌已經與剛開始截然不同，本書整幅圖像生成的方式稱為「全生成」，而生成後，或者拿現有圖像再生成的技術稱為「局部生成」。

常見的問題

　　我在本書出版之前，有針對不同族群開課的經驗，上課學員有高中生、大學生、教師、一般社會大眾、記者、行銷、設計公司、金融、房屋代銷等等，在這個過程中我大量收集學院遇到的問題，並整理常見的答案如下。因為這些問題也都是大部分人會有的問題，目前生成圖像工具的開發者也都會朝這個方向改善工具。

Q 每次生成的風格都不一樣，有時候照片有時候繪畫，要如何固定？

A 請參考 72 頁，在「本體詞」中詳細描述，用本體詞控制即可。

Q 如何構圖？

A 在生成圖像工具中，如果是文字提示，很難完全做到百分之百控制構圖。這有多難呢？你可以嘗試看看用語言指揮另外一個人畫圖就知道了。簡易的構圖請參考 84 頁的說明。詳細的構圖，需要用畫布工具達成。

Q 可以變成影片嗎？

A 可以的，但請期待大約在 2024 至 2025 年間才會有比較大的技術突破。

Q 如何讓同一個人一直出現？

A 有幾種作法，第一種是人都不變，用 In-Paint（108 頁）來變化背景。第二種方法是圖像提示（126 頁）。

Q 如何維持穩定的風格？

A 目前圖像提示法最容易成功，請參考 126 頁。

Q 如何改變畫面中的一部份？

A 用 In-Paint（108 頁）就能完成。

Q 如何保留原來的元素繼續使用？

A 在畫布中可以將 A 圖的元素與 B 圖結合（請參考 104 頁）

主要生成工具

生成圖像的工具如百花齊放，這些工具有什麼功能，又分別有什麼特色呢？我們來一一瞭解吧！

1

　　人工智慧生成圖像工具正在蓬勃發展，從 Google 早期的 Disco Diffusion 開始，不斷有新的廠商踏入這個市場。特別在 2022 年後，隨著 Midjourney 的加入，帶動整個市場蓬勃起飛，而 Stable Diffusion 的開源模式，更讓大家對生成圖像有更多想像，促成了後來 Leonardo、Playground 等等的畫布模式。

　　生成圖像工具的市場很大，目前幾乎所有辦公室生產力工具如微軟 Office、Google Workspace、Canva 等等，都將生成圖像融入簡報工具，費用已經包含在整個產品的使用費當中。

由於生成圖像市場競爭激烈，
每個平台差異很大，初學者可以從以下幾個
方法來評估應該選擇或使用哪個平台。

價格：

目前生成圖像工具大多以月費的方式收取，也有購買點數的方案。在本書出版時，Midjourney 已經完全不提供免費帳戶，每個月使用者可以依照需求量與使用方式不同，選擇每月 10、30 或 60 元美金的方案。DALL·E 3、Leonardo、Playground 則都有免費使用額度，只對重度使用者收費。Bing Create 因為結合在搜尋引擎當中，目前並不收費，每日額度幾乎用不完。

介面：

Midjourney 早期透過 Discord 的聊天功能繪圖，門檻較高，等於一直在下指令，好處是在手機上也能順暢使用，但要背誦基本指令。Leonardo、Playground 等都有比較多選項的介面，只是手機上就比較難用。

繪圖品質：

雖然說繪圖品質見仁見智，不過一般還是公認在雲端商用的平台中，Midjourney 的品質最好、進步也最快。我自己的感覺依次為 Leonardo、Bing、DALL·E 與 Playground。

功能多樣性：

生成圖像工具市場一直在進步，從一開始簡易的全生成開始，慢慢增加以圖生圖、畫布等等功能。如果是初學者，建議可以從 Bing、Midjourney 開始。Bing 的功能最少，容易上手，也能接受中文。Midjourney 的功能都比較偏向生成藝術的創意使用。Leonardo 則比較多進階、複雜選項。詳細功能說明請參考次頁。

作品多樣性：

生成圖像工具理論上應該可以產出多樣種類的圖像（請參考 72 頁本體詞），但實際上每個平台都有強項與弱項，這點需要多多嘗試才知道。

以下介紹市場上目前比較容易上手，而且專門針對生成圖像的雲端平台，包含了 Midjourney、DALL·E 3、Bing Create、Leonardo 與 Playground AI，並示範這幾個平台在繪畫、攝影、設計與物品的實際表現供讀者參考。

生成工具常見的功能

文字生圖：

一般又稱為 Text-To-Image 功能，也是 2022 年後這一波圖像生成工具的最核心功能，只要輸入文字的提示，就能隨機產生圖片。

以圖生圖：

一般又稱為 Image-To-Image，雖然字面上是以圖生圖，但大部分的工具都是以某一張圖片為底圖或稱為墊圖，然後另外配合輸入的文字提示再重新生成，所以通常這個功能是「文字加圖片生圖」。

個人資料夾：

生成圖像的特性就是產出多，初學者在沒有流量限制的情況下，一天生成 200 次不成問題，所以個人資料夾很重要，而且要具備關鍵字搜尋功能比較方便。

畫布（Canvas）：

生成工具一開始都是全幅生成，喜歡就拿走，不喜歡就繼續生成；但偶爾會遇到光影、構圖、角色非常完美，卻永遠無法再生成出一樣的東西，所以許多平台都提供了畫布功能，主要包含擴圖與修改兩大功能，請參考 104 頁。

模型：

每一個生成圖像工具都有自己訓練的模型，一個大的模型裡面可能還包含了許多我們看不到的小模型。有些生成圖像工具如 DALL·E 3 只提供一個模型，但 Leonardo 等則提供了大量的模型。

自建模型：

所有的 AI 圖像工具都要依靠模型，除了現成的模型，Leonardo 等平台也提供自建模型。

混亂性：

讓使用者可以決定生圖的隨機性範圍要多大，目前以 Midjourney 的表現最好。

輪廓控制：

從 Stable Diffusion 的 Controlnet 而來，使用者可以提供一個輪廓或骨架圖，限制圖像生成時的形狀。

藝廊：

生成圖像需要大量的學習與嘗試，學習者可以透過藝廊功能，看到其他人的提示、構成詞、指令、參數、模型等等，是初學者的好幫手。

追蹤：

從藝廊功能延伸而來的，就是追蹤你覺得值得學習的創作者，透過模仿來學習。

生成圖像的功能與發展歷程

　　生成圖像工具如 Midjourney 等在 2022 年商業化之後，雖然距離本書出版時間沒有很久，但因為消費者多、市場需求大、使用者從產品得到的回饋很直接，加上還有 Stable Diffusion 開源社群的努力，所以從產品功能的需求到生成圖像的方向，都可以加速產品更新。

　　從 Midjourney、DALL・E、Stable Diffusion、Adobe Firefly 與 Leonardo.Ai 等產品的開發方向，原則上我們可以看到幾個趨勢，即便某些功能還不能滿足你的需求，但在這個方向上，通常會持續獲得改進：

---

1. 從全生成到局部生成：

生成圖像工具從全圖生成到局部生成之後，我們可以用更多方法來組合創意，不論是合併型創意或者改善型創意，都能在同一個圖片中進行，創意更不受工具限制。

---

2. 從概念描述到細節描述：

在 DALL・E 3 之後，我們可以更精準地描述生成圖像。若你有具體的創意想法，可以精準描述，但如果想法不具體或者期待生成圖像工具給你創意，也能夠用概念的描述方式，讓生成工具提供驚喜。

---

3. 全提示到部分提示：

從 ChatGPT 納入 DALL・E 3 之後，使用者寫提示就可以讓 ChatGPT 代勞，可以花更多心思在創意上面，而無須全心全意學習提示。

---

4. 照片類型圖片越來越逼真：

生成圖像工具在大量使用者的訓練與要求下，通常會逐漸往逼真的照片發展，但同時也逐漸開始減少對於真實人物的真實描寫，讓生成圖像工具維持在創意領域而非走向假新聞。

---

5. 文字整合：

從 DALL・E 3 開始，英文字已經勉強可以完整出現在圖片之內，Adobe Firefly 可以讓使用者在文字框線內產出圖片，都可以把文字納入圖像創意之中。

部分提示

　　圖一只有說要羅馬風格的重型戰車，其餘的提示都是 ChatGPT 產生。ChatGPT 的提示很複雜，包含了戰車的主要部分、圖案、背景。

細節描述

　　圖二左邊是亞洲現代男性、右邊是洛可可風格的女性，手上拿地圖，背景是火星，都如我的提示描述。

文字整合

　　圖三如我的提示，很清楚的出現了ASIA。

生成圖像的概念

　　生成圖像從 2022 年開始商業化之後，不斷有各種新的功能被開發，時至 2024 年，原則上使用者大量期待的功能都已經被逐步開發出來。

文字生成

最初期的生成圖像功能，這個功能的重要性雖然會逐漸降低，可是在這個功能中的核心技巧「寫提示」卻依舊在幾乎所有其他功能中都會反覆出現，是生成圖像中的必要功能，依靠的是文字想像力。

簡易提示

在 ChatGPT 納入 DALL‧E 後，ChatGPT 可以用更趨近於人類溝通的方式聽懂指示，並轉換成生成圖像可以接受的提示。透過這種方式，可以更簡單地使用生成圖像，同時產出可以運用在其他工具的提示。

畫布功能

在畫布功能中可以在圖像當中或邊緣繼續生成圖像，繼續生成時還是需要文字提示，同時需要圖像與文字想像力，偏向改善型的創造力。

以圖生圖

用既有的圖像來重新生成新的圖像，可以用自己繪製的圖像或既有的圖像，通常也需要文字提示，但主要依靠圖像的想像力。若可以合併兩種圖樣，屬於合併型創造力。

即時畫布

如果你想要更快速控制圖像，即時畫布功能可以結合文字提示與以圖生圖兩種功能，以文字提示設定好主要的圖像風格與內容後，再以繪畫的方式，即時以圖生圖，更依賴創作者的圖像創造力，同時創作的內容也比較不會被挑戰「這到底是誰畫的？」

影片生成

影片生成的工具在 2024 年起會開始逐漸達到商業用途，包含 Runway、Pika 等公司都提供文字提示轉影片或者影片轉影片的功能，而 Leonardo.Ai 這樣的多功能平台也提供這樣的功能。

photo of a Flamenco Dancer , swirl fog , particles , rainbow colors, Photography, photo realistic, ambient lightening, intricate details, cinematic composition, Joyful dancing

Midjourney
網址：midjourney.com，但控制介面在 Discord

在商用雲端的生成圖像市場中，Midjourney 是最快搶佔收費市場的領先龍頭，雖然沒有友善的介面，但大家透過 Discord 也是玩得不亦樂乎。根據我個人的經驗，Midjourney 的產品開發途徑也是較為符合生成圖像藝術特性的。

使用 Midjourney 的時候，必須先開設 Discord 帳號，然後將 Midjourney 的機器人接到自己的聊天室，還要背一些指令，對於初學者而言會有一點障礙。日後的競爭者有的也延續在 Discord 的模式，但也有些如 Leonardo 有自己的介面。

但 Midjourney 的生成圖像範圍大、應用場景多、品質好，是 Midjourney 目前敢採取完全收費制的最大本錢。

Midjourney 只有兩個主要的模型，一個是 Midjourney 本身的模型，已經多次改版，另一個則為 Midjourney Niji。前者的適用範圍非常大，從照片到商品都可以生成，後者偏向日本動漫風格，雖然也能夠全範圍生成，但我建議動漫之外的場景還是直接用 Midjourney 即可。

Midjourney 在商業化一年內，因為使用者數量大、收費多，所以功能改進很快，與生成圖像藝術相關的功能都已經很齊備，包含逆向生成提示的 Describe（52 頁）、檢視提示的 Shorten、混亂化的 Chaos（26 頁）等，都讓使用者可以更好地學習並使用生成圖像。

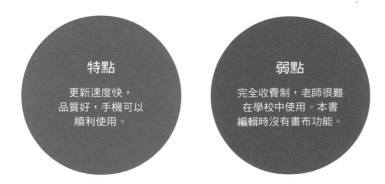

特點
更新速度快，
品質好，手機可以
順利使用。

弱點
完全收費制，老師很難
在學校中使用。本書
編輯時沒有畫布功能。

以下圖片都是在 Midjourney 生成，請參考看看有什麼優點與
缺點，生成日期為 2023 年 12 月。

圖一：日本風格的水彩畫，20 歲的女性農業工作者
圖二：風景攝影, 超寫實, 後現代, 高反差, 散景, 台北街景
圖三：資訊視覺化海報, 珍珠奶茶, 可愛風格
圖四：商品攝影, 水晶蓮花造型的戒指

Watercolor, Japanese, 20, Female Farmer, Summer

Landscape Photography, Surrealism, Post-Modern, Taipei Cityscape, High Contrast, Bokeh

Menu Design, Infographics, Cute Anime Style, Bubble Tea, Vivid Colors

Product Photography, A Ring Of Pink Diamond, Lotus Style, Diamond Splints

Leonardo

網址：leonardo.ai

　　Leonardo.Ai 是一個功能強大的圖像生成工具，具有完整的圖像操作介面，除了寫提示，其他的指令、參數都是在視覺化介面上操作完成，適合較為進階的使用者，或者在國中以上的課堂教學使用。

　　基本上 Leonardo 可以當成某一種 Stable Diffusion 來使用，與其他平台不同，除了選項非常多，經常在更新之外，也支援大量的模型。這些模型有些經過特化，適合產出特定類型的圖案，例如照片模式、RPG 遊戲、動漫模式等等，相當於取代了部分在提示中撰寫本體詞（請參考 72 頁）的功能。目前 Leonardo 有幾十個官方的模型，加上其他人建好後開放出來的模型，在使用上，感覺會與 Midjourney、DALL‧E 這種純提示的工具相當不同。

　　在 Leonardo 中，生成圖像與畫布功能是完全分開的功能，在介面上可以自由控制。但畫布功能與圖像生成功能不同，畫布畫完的圖要記得存檔。

特點
支援的模型多，
混合了開源平台與商業平台
的特性。畫布功能強大。
可以訓練模型。

弱點
選項太多，入門較慢。

以下圖片是以 Leonardo Diffusion 模型產出，選擇 Leonardo Style，其餘選項都預設，你覺得與其他平台差異大嗎？生成日期為 2023 年 7 月。

圖一：具有日本風格的水彩畫，20 歲的女性農業工作者
圖二：風景攝影, 超寫實, 後現代, 高反差, 散景, 台北街景
圖三：資訊視覺化海報, 珍珠奶茶, 可愛風格
圖四：商品攝影，水晶蓮花造型的戒指

Watercolor, Japanese, 20, Female Farmer, Summer

Landscape Photography, Surrealism, Post-Modern, Taipei Cityscape, High Contrast, Bokeh

Menu Design, Infographics, Cute Anime Style, Bubble Tea, Vivid Colors

Product Photography, A Ring Of Pink Diamond, Lotus Style, Diamond Splints

DALL・E 3

網址：labs.openai.com

　　DALL・E 3 是 OpenAI 的圖像生成平台，也算是最早期投入商業市場的生成圖像工具之一。目前看起來 DALL・E 的品質並不是所有生成工具當中最好的，不過 DALL・E 平台支援微軟的 Bing Create 時，Bing 的表現反而要比 DALL・E 好。

　　在 DALL・E 3 中，使用者只會看到一個提示輸入框，使用起來非常簡單。每一次輸入提示之後，就會得到四張圖片，這些圖片也可以再進一步產生變異，可是其他的控制選項、指令、參數都不如 Midjourney 豐富。

　　DALL・E 也是所有工具中，最早提供畫布功能的，與生成圖像相較，我反而覺得 DALL・E 的畫布品質好一點，也更好用。

　　DALL・E 是 OpenAI 的圖像生成平台，源自於 GPT，也算是最早期投入商業市場的生成圖像工具之一。DALL・E 原本有自己的網址，是一個獨立的服務，但本書截稿時最新版的 DALL・E 3 已被融入 ChatGPT 當中。

　　目前 DALL・E 3 的圖像生成品質大約與 Midjourney、Leonardo. Ai 等工具差不多，可是在提示的認知能力上遠遠超過於其他工具，讓 DALL・E 3 走出一條跟其他工具不太一樣的路，就是可以更精準地描述，並且讓英文出現在圖像當中。

　　此外，由於 DALL・E 3 使用 ChatGPT 為介面，所以使用者可以輸入更少的提示，其餘真正的提示會由 ChatGPT 後續協助完成，也降低了生成圖像的使用門檻。

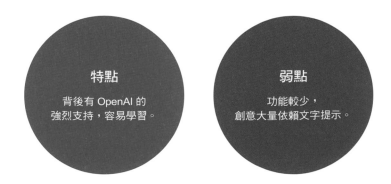

特點
背後有 OpenAI 的
強烈支持，容易學習。

弱點
功能較少，
創意大量依賴文字提示。

以下圖片使用 ChatGPT 的 DALL‧E 3 產出，提示有經過 ChatGPT 自行擴充。請與其他平台比較有什麼優點與缺點，生成日期為 2023 年 11 月：

圖一：具有日本風格的水彩畫，20 歲的女性農業工作者
圖二：風景攝影，超寫實，後現代，高反差，散景，台北街景
圖三：資訊視覺化海報，珍珠奶茶，可愛風格
圖四：商品攝影，水晶蓮花造型的戒指

Watercolor, Japanese, 20, Female Farmer, Summer

Landscape Photography, Surrealism, Post-Modern, Taipei Cityscape, High Contrast, Bokeh

Menu Design, Infographics, Cute Anime Style, Bubble Tea, Vivid Colors

Product Photography, A Ring Of Pink Diamond, Lotus Style, Diamond Splints

Bing Create

網址：www.bing.com/create

微軟是人工智慧公司 OpenAI 的重要投資者，因此在生成工具開始流行後，微軟的搜尋引擎 Bing 就開始積極將 OpenAI 的技術融入到新的聊天功能當中，包含了 ChatGPT 與 DALL·E 3。

在 Bing 當中，有兩個地方可以生成圖像，其中一個就是在 www.bing.com/create 底下，使用方法與 DALL·E 3 類似，但功能更少，只有輸入提示、產出隨機圖像而已，其他功能都沒有。

另外一個在 Bing 當中使用圖像的位置是進入 Edge 瀏覽器的聊天功能，選擇創意模式，也能產出圖片。在這個模式中，可以透過聊天的方式，要求 Bing 修改提示。

目前 Bing 可以完全支援中文，圖像生成品質也好，加上每天有一些免費額度或者可以用 Edge 瀏覽器的聊天模式產生圖像，最適合讓小學生使用。

特點
直接提示與聊天都可以接受中文，適合小學生使用，教學容易。

弱點
功能少，長寬比固定為 1:1。產出無法商業使用，只能個人或教學使用。沒有畫布功能。

以下圖片都是在 Bing Create 生成，請參考看看有什麼優點
與缺點，生成日期為 2023 年 11 月。

圖一：具有日本風格的水彩畫，20 歲的女性農業工作者
圖二：風景攝影, 超寫實, 後現代, 高反差, 散景, 台北街景
圖三：資訊視覺化海報, 珍珠奶茶, 可愛風格
圖四：商品攝影, 水晶蓮花造型的戒指

Watercolor, Japanese, 20, Female Farmer, Summer

Landscape Photography, Surrealism, Post-Modern, Taipei Cityscape, High Contrast, Bokeh

Menu Design, Infographics, Cute Anime Style, Bubble Tea, Vivid Colors

Product Photography, A Ring Of Pink Diamond, Lotus Style, Diamond Splints

Playground AI

網址：playgroundai.com

另一款與 Leonardo 相似的工具是 Playground AI，功能、邏輯都類似。Playground AI 與 Leonardo 一樣都是圖像操作介面，但選項不如 Leonardo AI 多，可以算是比較簡易的工具。

在 Playground 中，圖像可以先選擇模型，包含 Playground 自己的模型與 Stable Diffusion 的模型，種類不多，沒有選擇焦慮。此外，Playground 也提供許多預設的濾鏡（Filter），這些濾鏡的功能不盡相同，有的是直接提供一個新的模型，但也有一些是一組一組比較有效的提示構成詞組，例如選擇了「delicate detail」（強調細節），就會自動在你的提示中增加 trending on artstation, sharp focus, studio photo, intricate details, highly detailed, by Greg Rutkowski，而非圖像訓練出的模型。

目前 Playground AI 在畫布功能中投注了比較多的心血，提供了多人同步工作的空間，不同使用者可以進入同一個畫布來完成作品；也有智慧選取功能，有一點要取代繪圖軟體的企圖。對於付費的使用者而言，畫布的檔案是可以保留的，能夠同時在很多不同的畫布檔案中工作。

特點

目前 Playground AI 看起來主打可以多人同步工作的畫布功能，對於善用畫布的設計師而言，這樣的功能可以取代部分的電腦繪圖工具。

弱點

預設的生圖品質比較弱。沒有畫布功能。

以下圖片使用 Playground 自己的模型，並採用預設選項產出，請與其他平台比較有什麼優點與缺點，生成日期為 2023 年 7 月。

圖一：具有日本風格的水彩畫，20 歲的女性農業工作者
圖二：風景攝影, 超寫實, 後現代, 高反差, 散景, 台北街景
圖三：資訊視覺化海報, 珍珠奶茶, 可愛風格
圖四：商品攝影, 水晶蓮花造型的戒指

1	2
3	4

Watercolor, Japanese, 20, Female Farmer, Summer

Landscape Photography, Surrealism, Post-Modern, Taipei Cityscape, High Contrast, Bokeh

Menu Design, Infographics, Cute Anime Style, Bubble Tea, Vivid Colors

Product Photography, A Ring Of Pink Diamond, Lotus Style, Diamond Splints

測試提示

生成圖像工具在 2024 年之後，是一個百家爭鳴的市場，從功能簡單到複雜、靜態到動態，不論是任何工具，都不可能完美。有的模型可能特別適合繪製某些圖像類型，但或許就在其他類型表現較差。

當接觸到一個新的平台、不同的模型（例如在 Leonardo.Ai 中挑選），又或是模型改版時（Midjourney、DALL·E 等），最好都固定拿一系列的提示來測試，可以快速評估該模型的長處與弱點。當然，每個人的風格不同、使用場景不同，長處與弱點並非絕對。過於完美的真實照片風格，有的人喜歡、有的人討厭，所以很難有絕對的評判標準。

從生成圖像這幾年來的表現，大致上可以看到改版的方向都越來越逼真，並且能夠精準呈現描述，可以把字放進圖像內。以下根據我個人的經驗，提供一些簡單的測驗方式，可以快速測試平台的表現。

---

1. **自己最喜歡的作品**：如果你已經產出過某些作品，可以在你的平台將自己喜歡的作品標記起來，或者將提示抄錄下來。或者你可以結合自己的風格，加上以下的方向，設計一個或若干個專門拿來測試的提示。

---

2. **主要類型**：第 5 章所述的 4 大本體詞，是一個測試的起點，包含繪畫、攝影、物品與平面設計。

---

3. **常見的藝術風格**：包含印象派、立體派、野獸派等等，可以多嘗試看看。不同版本之間差異很大，改版也一樣。

---

4. **藝術家**：可以觀察在世藝術家是否能表現出來，還有已經過世很久的藝術家。

---

5. **光影、視角、構圖**：請參考第 5 章的構圖構成詞。

---

6. **精準描述**：請參考第 4 章提到的精準描述，包含物件的前後左右關係。

---

7. **設計物風格**：資訊圖表（infographic）、雜誌封面、海報、月曆、菜單設計等等。

---

8. **動漫角色**：如果你要利用生成工具來產生「生成式二創」，可以嘗試看看一些基本的角色，例如皮卡什麼的。很多平台可能對某些角色特別擅長，但其他角色不行。

9. 政治人物：目前的趨勢，越知名的生成圖像平台越不能產生逼真的政治人物，或者讓政治人物與諷刺題材結合。

10. 異類同框：簡單來說就是看看一張圖片內，能不能同時繪製出老虎與兔子。

11. 性別與職業偏好：輸入 pilot、nurse、professor、janitor 等職業，就可以看出這個模型偏好的職業，有沒有職業與性別的偏好或偏誤。

12. 圖中文字：生成圖像工具差不多都可以在圖中出現英文了，但遇到新的平台還是可以測試看看。漢字、韓文、日文假名等等也可以測。

13. NSFW：No Safe for work 的簡稱，這方面的字彙很多，有需要的人可以自行測試，但通常知名的平台現在都會兩階段防堵。

如果可能，建議同時將一些檢測點結合起來成為一個簡單提示，這樣就可以快速檢查多樣內容，例如（見下頁）：

impressionism nurse, from above

圖一是 Midjourney 6 的結果，圖二是 DALL‧E 3，我覺得圖一是我想要的，俯視效果好、油畫明顯。

CD cover design, cubism janitor, leading lines

圖三是 Midjourney 6，圖四是 DALL‧E 3，我覺得圖三比較能看出生成圖像的性別與種族偏見，立體派的表現也好，圖四則明顯出現了透視線，CD 感覺也具像。

A magazine cover layout design featuring the headline 'Tiger, Rabbit' in large font at the top. Below the headline is an artwork inspired by the Renaissance era, reminiscent of Leonardo da Vinci's style, depicting a tiger lying peacefully on the right side, a rabbit sitting on the tiger. The cover is designed to be eye-catching and professional, with a balance of text and imagery.

這個提示是 ChatGPT 協助產生，可以檢查包含異類同框、文字、精準描述、設計物風格、藝術家風格等等，這樣的圖像，目前還是 DALL‧E 表現最好（圖五）。

1	2
3	4

5

AI 生成的特性

生成圖像是嶄新的繪圖概念。實際瞭
解工具的特性、與過去藝術創作的異
同,使用時就能更加得心應手。

2

人工智慧生成圖像工具並不是「電腦繪圖」工具，但這兩者之間有什麼區隔、如何看待 AIGA 工具，很多人並不清楚，因為這樣的概念與我們從小學習美術、繪圖的方式並不同。

在電腦創意的領域中，有非常多的分支，其中一類是生成圖像或生成藝術（Generative Art）。從 1960 年代開始，生成藝術在資訊科技的推動下，就成為一種藝術的型態。在 2022 年生成圖像工具商業化之後，「生成」的使用範圍變得更大、也更有創意了，可以局部生成、可以背景生成，有各種的用法。對一般人而言，生成圖像工具可以擴增自己原來並不強的設計能力，而有設計能力者，也可以透過這個方式增加靈感的來源。

在人工智慧下的生成圖像有以下幾個特點，
透過這幾點我們可以更好地瞭解生成圖像到底
是什麼、不是什麼。對生成工具有正確的期待，
就能更好地使用這個工具與這個概念。

模型

在這波人工智慧生成圖像浪潮中，最大的影響因素就是人工智慧的模型。每個平台都有自己的模型，而且比較積極的平台，還會提供不同的模型，例如 Midjourney 有一般版與 Niji 版、Leonardo 與 Playground 有自己的模型也能接 Stable Diffusion。任何一個新創的平台，都會有自己的模型，不同平台之間的差異請參考本書第 8 頁至第 17 頁的平台介紹。

模型會隨著時間而改版，也因此讓同樣的提示，在不同時候輸入可能得到不同的結果。例如 Midjourney 就已經發展了 6 個不同版本的模型。不同模型會讓不同的構成詞有不同的影響，從 Midjourney 的改版途徑觀察，通常模型會改得更逼真、更強調細節，所以早期經常使用的

Details、Realistic 等詞，在後來的版本就越來越不重要。

我們從不同平台的「藝廊」功能中可以發現，大家都很喜歡用生成平台來繪製人物，特別是女性人物，所以不同的生成圖像工具都會有所謂的「獎勵效應」，年輕女性通常會越畫越好，而且預設的臉越來越好看、皮膚露出面積也會越來越大，這是人與平台共創的結果。

因為模型對於生成圖像的影響非常大，所以當你使用任何一個新的平台時，可以先拿不同的本體詞、認識詞與方法詞測試看看，或者執行一次「練習一」（130 頁），就可以很快發現每個平台的特點在哪裡。

本頁展示 Midjourney 在不同版本中的圖像變化，可以看到越後期的呈現效果就越細膩、寫實。本頁四張圖片，都是用一樣的提示：oil painting, a deer running in a forest, beautiful lighting, fairy tale, vivid colors，並且控制同樣的亂數種子後所挑選。可以看到在短短一年之間，Midjourney 不同版本的變化恍如隔世。

圖一：Midjourney 第 2 版
圖二：Midjourney 第 3 版
圖三：Midjourney 第 4 版
圖四：Midjourney 第 5 版

1	2
3	4

隨機性

隨機性

隨機性是「生成藝術」當中最重要的特性，即便在現在很流行的 ChatGPT 或其他文字生成工具當中，隨機性也無處不在。缺少了隨機性，生成圖像工具就不會如同現在如此萬用，什麼都能生成。

許多人使用生成圖像工具時，最大的誤解就是拿生成圖像工具來做「電腦繪圖工具」做的事情。雖然人工智慧生成圖像與電腦繪圖都屬於「電腦藝術」的領域，但兩者是不同的概念。在電腦繪圖領域，我們通常會在繪圖工具中，透過指令、設定、肢體來精準描繪、輸入我們的想法。

但生成圖像恰好是另一種概念，我們心中只有一個模糊的方向，剩餘的作品由生成工具來生成。在生成的過程中，我們擁抱隨機性，把隨機視為這種「創作」的特性，並且將隨機的前後行為視為我們創意的一部份。

不可控性

自從 Midjourney 大量普及之後，很多人對於人工智慧生成圖像的印象就是「100%」讓生成圖像工具生成，但隨著不同平台相繼推出畫布功能，以及各種控制選項後，我們對於生成圖像的控制性就有了變化。原本的控制性不管被認為是 0%（寫提示不算控制）或者 1%（寫提示算微小的控制），生成圖像原則上都不太會受到控制。

但生成圖像的不可控有點特別之處，那就是「可控的不可控」。許多生成平台都會讓使用者決定前述的「隨機性」到底有多隨機，我們可以控制生成圖像的隨機範圍，從很小的隨機，例如 Midjourney 等平台的變異，到人工拉大隨機範圍，例如在 Midjourney 中使用 Chaos（--C）來讓隨機性變大，都是由我們決定不可控性的方式。

但無論如何，大到完整生成整張圖片，小到只在圖像中繪製一個小人（請參考 168 頁的圖 5），我們都必須擁抱隨機性及不可控性。

在生成圖像中，都是以隨機的方式產出圖片，產生圖片後，可以使用變異（Variation），此時的隨機性是最小的。

圖二：生成圖像的生成，大多維持比較小的隨機性，這是 Midjourney 一般生成時的隨機程度

圖三：生成圖像的工具可以控制隨機性的範圍，變化不可控性，這是 Midjourney 的 Chaos 開
到 50 （--C 50） 的樣子

圖四：生成圖像也可以放很開，不可控性放到最大就是這樣，這是 Midjourney 的 Chaos 開到
100 (--C 100) 的樣子，已經跟原本的提示距離很遙遠了

2	3
4	

偶遇

　　當我們不斷隨機產生圖像後，總會有機會遇到我們想要的圖片或結果，這樣的場景我們稱為「偶遇」（Serendipity）。當然，隨著生成圖像演算法的變化、使用者撰寫提示的能力提升、鑑賞能力的增進、使用場景的不同，生成圖像工具的偶遇性不盡相同，有時候隨便寫一個提示都可以獲得滿意的圖片，但也可能一直沒有可用的圖片出現。這種不一定會得到自己想像結果的情境，就是生成圖像的偶遇性。

迭代

生成圖像透過文字提示來指引圖片的生成方向，並且有許多指令與參數可以控制，所以我們可以在每次生成之後，針對每次的結果決定是否要調整提示、指令與參數，或者繼續透過隨機性來獲得更多的圖像。與電腦繪圖從草稿一直到完稿的過程相較，生成圖樣的過程可以稱為「迭代」，每一次都是一個獨立的版本，但每一個版本都與前版有些許不同。

選擇

偶遇的關鍵之一在於選擇。生成圖像與傳統繪畫、電腦繪圖的一個重大差異在於「選擇」，當我們產出大量的圖片後，最終我們要選擇適合的圖片。在電腦繪圖中我們要什麼就是什麼，沒有隨機、沒有不可控性，沒有能力的人，不會有偶遇的機會，更沒有機會選擇。但在生成圖像中，我們可以有大量的圖像得以選擇，此時人類的鑑賞力發揮最大的功能，同樣一個工具、寫出同樣的提示，最終還是會在「人」這邊產生差異。

策展

生成圖像因為可以大量產出圖像，與傳統的繪圖相較，生產速度可以差到幾百、幾千倍，因此生成圖像的最終使用特性在於「策展」。使用者因為有大量的圖像可以使用，傳統只用一張圖像呈現的場景，生成圖像的使用者可以產出很多張。目前在設計領域常見的使用範圍，是在一張作品當中，使用非常多不同的生成圖片當成元素，並將元素拼成一張，也是另一種策展。

我想要一張自畫像（誤），所以下了一個提示是
imperial style, a prince, sad, lost in power, oil paint, loneliness, cold color

圖一：第一次出來的結果感覺都太頹廢了，振作！所以提示增加了
looking at camera, close up portrait。這個過程就是迭代。
圖二：這一次生成的好多了，我在這一組裡面看到右上角與我期望的很
接近，這是一個偶遇，但也可能生成多次都沒有到我的感覺。我「選
擇」了右上角這張，再迭代一次。
圖三：這次的 4 張都與我的想像更接近了，然後選擇一張。
圖四：最後的這一張，我把它呈現出來，這就是「策展」的過程。

文字與圖像二元性

　　使用生成圖像工具，除了少數情境可以「以圖生圖」，完全不使用文字提示，其餘大部分的情況都需要用到文字，而且是大量的文字。對於全生成而言，文字量可能還好，但如果你要不斷透過畫布功能修改圖像，整個作品背後的文字量，都可以成為一篇文章了。

　　一位從小就讀美術班、設計科系的學生跟我說，過往他在設計時，從來沒有思考過「文字」，都是圖像思考到底。

而使用生成圖像時，他的行為
都在文字描述上，令他覺得非常新奇。

在使用生成圖像時，我們的創意與想像力混合了文字與圖像。有些人可能腦中的圖像沒有那麼具體，但可以用文字描述出來，這時候主要的行為是文字創作，與其說是在創作圖像，不如說是在用文字描述畫面，所寫的提示與文學創作更為類似。對於這種人而言，使用生成圖像的過程，就彷彿是文字創作的過程，每一個階段我們都在寫作「草稿」，每一次的迭代，都是編修草稿的過程，直到最終我們完稿。

對於可以用視覺來思考、大腦中有浮現圖案的人而言，使用生成圖像就就比較特別，因為需要來回在視覺與文字間穿梭。先要把自己想像的物品轉譯成文字提示，看到生成作品後，又再回到文字來修改圖像。在這個過程中，存在文字轉圖像與圖像轉文字兩個過程，並且嘗試在生成圖像的環境中，維持兩者同步。

隨著越來越多生成圖像平台支援畫布或者 In-Paint 功能，生成圖像的文字量也會越來越大，但因為我們是在圖像上局部修改，所以當我們開始在圖像上劃定局部生成區域時，不管原本是文字腦或者圖像腦，都需要用到圖像設計的能力，又同時有文字的過程。所以在我們完成作品之前，就會同時處理草稿與草圖。

這種創意思考的歷程，不論對設計師或非設計師而言，都是一種全新的方式，也能開發新的想像力。

這裡示範文字與圖像的二元性。

我想像這個圖像：有一座高塔，孤獨地飄浮在空中。這座高塔具有集合公寓的外觀、中國式的屋頂，但卻仍在施工，無法落地。

若將這樣的文字當成提示，生成圖樣工具很難表現得好，因為很複雜。所以我們可以拆解成幾個部分。

圖一：oil paint, an apartment buidling, stacking, cold color
我先決定油畫、冷色風格，然後描述中間的建築物
圖二：用 In-Paint 功能加上中國風的屋頂 roof of a chinese
temple, red, ancient style, religious
圖三：孤獨地飄浮在空中
a building floating in the sky, surrealism
圖四：在一個建築工地當中 construction site, crane

1	2
3	4

透過以上四個步驟，我將我的草稿變成完稿，將草圖逐漸變成最終成品。

創意與想像力

教育中總是強調創造力、想像力的
重要性,但這些「力」的本質為
何?這一章將會探討這個問題,並
說明如何以生成圖像鍛鍊創意。

3

創意與想像力

　　本書的目的是希望能夠透過生成圖像來提升創造力與想像力，但創造力與想像力是什麼？

　　人類是一種具有創造力與想像力的動物，但不同學者對於創造力有不同的想法。今天如果你被讚美很有創造力，代表的意義可能不同。

經過學者歸納，我們評估創造力通常包含下列幾個方向：發散思考能力、問題解決能力、創造性產出和對創造力的態度。

發散思考能力：
是指一個人能否快速產出大量、不同的想法。這些想法只要彼此不同就可以，數量越多越好，通常這種創造力反映在「舉一反三」、「點子很多」上面。

問題解決能力：
評估一個人能否使用新想法解決沒有標準答案、甚至連問題本身都不是很清楚的事情。這些新想法可能結合了多種資訊與專業，並且要能夠解決一個先前沒有標準答案或者有效前例的實際問題。學者 Sidney Parnes 等人在 1970 年代曾經發展出解決問題的六階段理論，包含發現混亂（mess）、發現問題、發現資訊、尋找想法、確定方案、接受方案。運用創意解決問題是一個很實用的學問，也發展出很多不同的理論，包含現在很流行的設計思考、鑽石理論等等。這種創造力通常會被稱為「很有想法」、「很會思考」。

創造性產出：
由結果的好壞來判斷是否創造力，因為有些人可能很會想（發散思考）、很會給建議（問題解決），但這些想法、解答有可能是無用的。當然，有用與否的評斷標準非常多，包含是否能被社會接受、是否具有商業價值、是否具有可行性等等。雖然從這個角度來評估創造力有點現實，但通常現實條件、限制都是創造力的重要條件，

我們很難接受完全沒有時間限制、完全沒有資源限制的創意流程。

創造的態度：
創造力不是永遠受歡迎的，特別是在一個穩定的環境中，因為創造力通常跟隨著改變。如果今天沒有人發現有問題、沒有人覺得有問題，那麼任何的想法、建議或者改變，都代表著有惡化現況的風險。英語中有個說法「If it ain't broke, don't fix it」，東西如果沒壞就不要去修理它，就代表這種心態。願意接受創造力的環境，通常是一個願意承擔風險、願意接受改變、可以快速自我修正的環境，畢竟過去沒有過的方法，結果很難預期。

　　所以我們認為的創意或創造力，並不是一個統一的概念，有些人看起來沒有什麼點子、沒有太多想法，但他做出來的東西都符合社會期望、很實用又很能賺錢，這也是一個有創意的人。我們會覺得影視產業很有創造、或者藝術家很有創造力，但從創造力的角度來看，像台積電這樣的科技公司，經常比非常多名稱中有「創意」或者在創意產業的人，更富有創造力。

視覺創造力三能力

許多人都認為「電腦」不會有創造力，創造力是來自於人類。但許多研究電腦創意的學者看法卻不同，他們認為人類固然設計了電腦，可是在生成圖像領域，電腦才是圖像的實際創作者，若以現在寫提示的生成工具而言，寫提示的人、電腦都同時展現了創意。

學者 Simon Colton 認為，一個人或物件的創意，要包含想像力（imagination）、技術力（skill）與鑑賞力（appreciation）三個能力。這三個能力缺一不可，就像一個三腳架一樣，支撐起所謂的創意或創造力。如果沒有技術，就無法產生任何東西；缺乏鑑賞力，就永遠無法產生有價值的東西；少了想像力，就只能做出跟別人一模一樣的東西，而無法有任何新意。

如果一個軟體、一台電腦當中，在設計的時候同時包含了想像、技術、鑑賞這三個部分，並且在產生圖像的時候依序或者同時執行這三件事情，那麼這就應該算是一個具有創造力的軟體。但三腳架的三隻腳不一定等長，所以這三樣東西在不同的人或者物品上，雖然同樣都支撐起了創意，但可能某一樣多一點、某一樣少一點。

除了生產圖像的軟體，Colton 等人認為，任何與這個過程有關的人，都應該同樣具備這三樣能力。也就是說，程式設計師、消費者，一樣要有想像力、技術力與鑑賞力，才能夠支持這整個創造歷程。這三個部分一共有九條腿，對於創作歷程都有貢獻。

當 Colton 在 2008 年提出這個概念時，雖然點出了消費者同樣也需要這三樣能力來支持創造力，但當時純屬概念。可是我們現在知道，如果把生成圖像工具的使用者視為消費者，消費者確實也需要這三樣能力，才能產出好的作品。同時系統會在我們輸入提示、選擇放大或者進行變體時，知道消費者如何想像（寫提示）、如何運用技術（寫提示、變體等等）、如何鑑賞（選擇放大）。在人工智慧的時代，我們身為消費者，確實也展現了這三種能力，並且與系統互動。

但 Colton 也強調，系統雖然可以展現創造力，但這只是「小創意」而非「大創意」。也就是說，例如愛因斯坦發現相對論、萊特兄弟發明飛機這種完全將人類的活動與認知帶到另一個新層次的創意，是不太可能透過軟體來產出的。其次，雖然電腦系統可以有創造力，但絕對不是人類創造力的替代品。

想像力

想像力是生成圖像的基礎，不論你的想像力是已經很具像地存在大腦當中，或只能用文字描述，甚至是一種假設，這都是你的想法。想像力與創造力有個很大的不同，不太需要考慮是否有價值、是否有用、能否被社會接受，只要想得出來、拼得出來，一切都不受規範、限制。

生成圖像工具最大的優點，就是可以讓我們專注在想像力上面。特別是原本沒有圖像想像力的人，只需要先有文字、概念、意象等等的想像，就可以拿到生成圖像中生成。

最終我們要選擇生成作品時，通常會與自己最初的想像力來比對。如果我們的想像越模糊、越抽象，可以選擇的範圍通常會比較大。但即便我們的想像已經很具像，最後在選擇時，仍然可以透過想像力的轉換，來選擇適合的作品。

技術力

過往如果要能夠產生圖像作品，不論是手繪、電繪或用指令控制，通常都需要配合大腦中現成對於圖像的想像，否則無法完成。此外，還需要經過多年的學習，加上一部份天分才能達到，否則手、眼與大腦無法協調，心中想像的東西，始終都畫不出來。

在生成圖像工具中，人類第一次被允許在不完全的視覺想像力之下，還能完成圖像創作。我們只要提供生成圖像工具概念、文字、意念等等，就可以獲得圖案。並且在文字提示的領域中，我們大部分需要掌握的能力偏向文字層面，降低了視覺技術的門檻。

鑑賞力

如果你常看藝術交易市場，就會發現圖像本身並無好壞，一個作品的價值也不單純只是好看不好看而已。一般而言，鑑賞還分為三個方向，第一個當然是美學方面的鑑賞，也就是產出的作品是否符合當時的社會審美價值。生成圖像產生圖的速度快、數量大，我使用生成圖像工具一年，大約生成了 45,000 張圖。一般的藝術家也好、畫廊老闆也好，很少需要在一年之內做出如此數量的判斷。

鑑賞力的第二個層次，則是預估他人會如何評價這個作品。以生成圖像為例，現在要產生有一點點裸露的女性圖片很容易、恐怖的圖片也很容易，但我們都知道這樣的東西不能隨便出手，這也是鑑賞力。

最後一層的鑑賞力比較世俗，要知道做出來的東西是否有市場價值、能不能賣錢、可以賣多少錢。雖然很少人的生成圖像真的可以賣錢，但如果貼到社群媒體可以換到他人按讚，這也是一種價值。

生圖領域

延續 Simon Colton 的創意三腳架概念，要評斷一個人或一個系統是否有創意，可以細分成想像力、技術力與鑑賞力三塊。我在介紹生成圖像工具的時候，都會將這三塊放在一起，獲得四個集合，這四個集合可以描述當我們與生成圖像工具協同創作時，可能得到的不同結果：

無用：

生成圖像並非精準繪圖，而是一種寫意的過程。在每一次的隨機亂數當中，我們可以不斷獲得新的圖片，同時也可能捨棄大量的圖片。因為我們把一部份的執行技術交給生成圖像工具，但不一定每一張圖都滿足我們的想像力與鑑賞力，所以無用的機會很大。當你不斷使用生成圖像工具後，雖然生成圖像系統會不斷改版、改善，但你的鑑賞力、想像力應該也持續提升，所以無用這一塊的比例應該不會下降。

自我欣賞：

有一些圖片與你當初的想像差不多，也很好看，但因為社會、道德、法律等因素，你只能自己看看、另存新檔或者分享給朋友，但就是沒有辦法公開上網或當成其他作品的配圖。

偶遇：

這個結果恰好滿足了所有需求，你生成了符合原本構想的圖片，並且覺得這張圖片可以滿足自己與社會的期待，你就可以使用這張圖片於其他領域。也有一種情況是你未必原本覺得這張圖片好，但是你放寬了原本自己的期待，因此也讓這張圖片進入你收藏的範圍。

驚喜：

對於已經學過設計的設計師而言，不一定需要生成工具來協助生圖，但生成工具還是能夠提供一些以前沒有想過的範例，提升靈感。在使用這個部分的圖像時，使用者基本上沒有很完整的想像力，或者對自己的想像力有很大的包容範圍，而讓生成圖像工具大量產生超越自己原本視覺想像力範圍的圖像，再從中找尋想要的東西。

當然，不論是自我欣賞、偶遇或驚喜的哪一塊，只要你讓系統知道你有使用這些圖片、你覺得這些圖片好、你想要在這些圖片上繼續發展出新的圖片，以 Colton 的觀點來看，我們都在展現自己的創意三能力，並且將這些訊息回傳給系統，讓系統不斷調整、修正成使用者喜歡的樣子。

為什麼要用 AIGA 學習想像力？

PISA 的測驗

經濟合作暨發展組織（OECD）有一個國際學生能力評估計劃（Programme for International Student Assessment），每隔一段時間就會針對數十個國家地區、數十萬名 15 歲的學生，測驗他們的閱讀、科學、數學能力，藉此比較各地教學的差異。但對於輸人不輸陣的國家而言，這通常也是展現國力的時刻。亞太地區，特別是儒家文化圈的台灣、新加坡、北京、上海、香港、日本、澳門、韓國等地，都經常盤據三項測驗排行榜前 10 名，台灣就有一個 PISA 國家研究中心。

PISA 測驗原本要在 2021 年推出創造力評測，這個測驗中，加入四種不同的創造領域，分別是圖像表達、書寫表達、科學問題及社會問題。每一種領域中，同時又都要測改善型、合併型與原創型三種創造力。OECD 認為，現在因為人類大量使用科技產品於生活當中，人類應該更關心創造力，而非電腦可以逐漸取代的技能。

由於 PISA 測驗是全世界最大的跨國測驗，相關研究、測驗的設計都十分完善，所以我們可以使用 PISA 對於創造力的分類方式，來看我們應該培養哪些創造力。目前 PISA 測驗的改善型、合併型與原創型三種創造力，大致上符合前述發散思考、解決問題與創造性產出三種創造力類型。

PISA 的合併型想像力主要測試發散思考能力，看看學生是否有跨領域思考的能力、可以提出不同的解決方法。在視覺表達測驗中，會提供學生多種現成的圖形，讓同學快速自由組合，藉此產生不同的視覺作品，或以不同方式來呈現數據資料。評分時的要求是看測驗的產出是否符合題目要求，並且每一個產出之間要有明顯差異，而不是不斷產出類似的東西。

原創型想像力希望看看學生能不能在跨領域的情境下，找出原創並且合理的解決方案。學生的答案必須符合規範、展現創意、同時要滿足實用性。在視覺表達測驗中，學生會拿到一個具體的題目，例如製作一張學校展覽的海報，並且要能「有效地」傳達該展覽的主題，不但需要有不同的想法，而且必須有用（創造性產出）。

PISA 的另一個想像力為改善型創意，希望學生評估前人已經提出的想法後（鑑賞力），再回頭加入自己的想法，成為一個新的創意。與合併型創意不同，改善型有一個既有的物品需要被改進，而合併型主要則是測驗想法的多樣性與速度。在視覺表達的測驗中，這一部份會給學生看一個現成的作品，例如展覽海報，然後學生要使用原來海報中的圖像，透過新的版面配置，達到比原來更好的效果。

創意的分法

概念空間

瑪格麗特·博登（Margaret Boden）是人工智慧創意的專家，她提出了「概念空間」（conceptual space）這一理論來解釋創意和創新的過程。概念空間是一個多維度的抽象空間，其中每一個維度代表一種可能的變化或特性。在這個空間中，創意可以被分為三個主要類型：探索型（exploratory）、組合型（combinational）和轉換型（transformational）創意，難度與機率差異很大。

探索型創意（exploratory creativity）
這種創意在既定的概念空間內尋找新的可能性。它不一定在歷史或心理層面上是全新的，但它擴展了既有的概念或理論，有可能這種創意很容易達成，只是過去沒有人「發現」。例如，一個室內設計師可能在波希米亞風格的框架內尋找新的材料或色彩組合。

組合型創意（combinational creativity）
這種創意主要是將已經存在、被發現的概念、思想或物件以新的方式組合在一起，產生新的創意或解決問題。例如設計師將不同的元素或風格組合在一起，創造出全新的設計語言。

轉換型創意（transformational creativity）
這種創意涉及到對既有概念空間的基本規則或限制的改變，通常更為深刻和根本。例如，當手機設計從實體按鍵轉向全觸控界面並且可以安裝程式，這就是一個轉換型的創意。

心理型與歷史型創意

博登也將創意分成心理型（psychological）和歷史型（historical）創意，而不同的學者也都有類似的分類法。

心理型創意（psychological creativity）：對於任何人而言，只要想到一個自己過去沒有做過的事情、沒有用過的用法，即便在世界中已經存在很久、廣泛應用，對個人而言都是一次心理型的創新。例如，你第一次用後現代的風格來繪製圖像。

歷史型創意（historical creativity）：這是里程碑式的創新，對整個人類社會都是全新的。例如西班牙藝術家 Banksy 最近的作品《氣球女孩》在被拍賣出的那一剎那落入碎紙機，成為新作品《愛在垃圾桶裡》。這是全世界嶄新的藝術概念，原本成交價大約 4000 萬台幣，但新型態的作品成交價就成為 7 億台幣。

對於生成圖像而言，心理型的創意很容易達成，特別是其中探索、組合型的創意，更是生成圖像的強項。

提示入門

瞭解繪畫的元素，
嘗試寫下提示詞吧！

初學者的技巧

如果我們把生成圖像當成一種新的繪圖、設計方式,那麼花一點時間學習生成圖像也是值得的;特別是撰寫提示,可能在很長一段時間內都是一種有用的技能。即便最終我們有更厲害的版本,大部分的人用拖拉的圖像介面就能產生圖像,或者自動化產生圖像,但中間可能都還需要提示,而看得懂提示就像現在從事網路業可以看懂 HTML 一樣。

如果你是初學者,
可能無法瞬間組成很有效的提示。

以下提供簡單的建議,給初學者參考,並請根據本書的練習,循序漸進。假如你想要很快理解生成圖像工具如何使用,請翻到 130 頁的練習一。

欣賞

現在許多平台都有自己的藝廊(gallery),可以在藝廊中找到喜歡的圖片,參考提示的寫法。建議看到提示後,可以先按照本書 70 頁的結構,自己將其分類為本體詞、認識詞與方法詞。透過這個方法,我們可以觀察到提示中大概會有哪些詞,從中找到自己覺得有趣的、意外的、無法理解文字與視覺關係的那些詞。

測試構成詞

每一個平台、每一個模型、每一個版本,對於不同構成詞的表現都不同。所以拿到詞的時候,可以先單獨測試這個詞。

如果這個詞本身很具像,可以直接使用,例如 auto 這種。

如果這個詞是某一種風格、來自某個藝術家、是某一種流派,可以用以下的方式來測:

直接使用,例如 fauvism、underwater photography。加上 artwork,例如 artwork by Da Vinci、impressionism artwork。

加上本體詞,例如 brutalism interior design、post-modern fashion photography。

加上認識詞,例如 surrealism landscape、minimalist chair。

改進

看到其他人的作品，了解當中主要提示構詞的效果後，可以嘗試改進。改進的時候不要冒進，一次改一點點，改進的時候可以用自己熟的詞，也可以用新學的詞。這個過程可以讓你快速理解並記憶構成詞，提升學習的效率。

我們大部分的人，最終都會建立自己的提示詞庫。這個詞庫的多樣性、大小，會隨著參考他人作品的數量而變化。本書無法提及所有的提示詞，這部份就需要依照個人的喜好、風格來慢慢擴充。

圖一：直接使用，例如 underwater photography

圖二：加上 artwork，例如 fauvism artwork

圖三：加上本體詞，例如 brutalism interior design

圖四：加上認識詞，例如 cutaway landscape

藝術描述 Annotation

生成圖像工具最重要的特徵之一，就是用「提示」取代「程式」。以前我們要輸入一長串的程式碼，才能夠繪製出一張圖像，例如一個房子，一台車子等等。對於生成圖像而言，因為電腦已經「看過」各種車子，所以你不用指令鉅細靡遺描述每一條線條，命令它具體畫出一台車子，而是提示它畫出車子。只要說「車子」，生成圖像就能依照模型內學習的結果，生成一台汽車，所以會用文字描述視覺作品很重要。

生成圖像領域有一個重要技能是圖像轉文字，可惜這樣的能力台灣人比較缺乏。在英國學測 GCSE 中，這是選考科目「藝術」中的必考項目，不過台灣有些讀美術的學生，都不一定接受過這樣的練習。我在上課時通常會拿一張漢堡的廣告來當課堂活動，詢問台下學員在圖上「看到」什麼。大部分的人都可以鉅細靡遺回答漢堡內的所有東西，少部分人可以說出圖像的情感與訊息，例如「好吃」、「營養」，但很少人說出背景的顏色、打光，也很少人可以說出這是一張海報、一個廣告、一幅商業攝影。

以下是分析、描述藝術品的基本元素：

說出作品的主要內容、主題。

分析作品的媒材、主要技巧，以及技巧與主題關係。

說明作品的構圖方式、物品排列方式、觀看者的視角、前景與背景的物件安排。

解釋作品背後的想法。

說明作品受到的風格影響，時代背景。

創作者當時的文化、社會與個人心境。

說明作品的視覺元素，包含線條、輪廓、顏色、調性、質感等。

以梵谷的《星夜》為例，以下是簡單的分析：

風格影響

後印象派外加表現主義，並受到日本浮世繪《神奈川沖浪裏》影響。

主題

聖雷米精神病院窗外的景象融合他幻覺中的村莊。

繪畫技巧

鮮明顏色、強烈的筆觸，迴旋的星空象徵了他的不安與混淆，但下方的村莊卻又恬淡平靜，衝突強烈。

藝術家的心境與畫中的象徵

當時梵谷已經割下自己的耳朵，並住進精神病院，作品呈現了他的情緒波動、孤立、絕望。

分析藝術品最終關係到前面所述的「鑑賞力」，而鑑賞力又與藝術銷售有關。有一本《藝術顧問寫給職場工作者的「邏輯式藝術鑑賞法」：運用五種思考架構，看懂藝術，以理性鍛鍊感性》，書中用現代的商業分析架構來解釋藝術品。作者自己經營藝廊，所以他必須知道什麼畫在當今社會賣得動，推薦給讀者參考。

以下四張我用相反的方式來說明藝術分析（annotation），梵谷的《星夜》原本的分析在前一頁，我這一頁創造了四款新的《星夜》，都與原本不同，但還看得出《星夜》的感覺。

圖一：現代藝術、樂觀、有希望、明亮的顏色、柔和的筆觸
圖二：都會寫實風、焦慮、擁擠、幾何線條、孤立
圖三：環境藝術、有機、自然、生態危機
圖四：數位藝術、好奇、實驗性、數位點陣圖、虛擬

```
┌───┬───┐
│ 2 │ 3 │
1 ├───┴───┤
│   4   │
└───────┘
```

組成因子

　　我們知道如何分析藝術品的元素後，就要將這個技能用在生成圖像中。但生成圖像在學習與建立模型時，並非像小朋友的習字卡一樣，一張圖只搭配一個字，而是一張圖具有非常多的因子，每一個概念也包含了非常多的相關因子，呈現一個多對多的關係。因此在思考生成圖像的提示構成詞的時候，請不要把生成圖像工具的構成詞當成「濾鏡」。

光學的濾鏡，純粹只有改變光學特性，例如改變顏色、變模糊、增加星芒等等，外型基本上不變。

影像軟體的濾鏡，除了改變光學效果之外，也會改變質感、圖樣等等，但外型原則上也不會有太大變化。

　　可是生成圖像每一個構成詞對於圖像的影響方式並不像濾鏡，每一個構成詞都會改變圖像的一部分樣貌。如果變化的是主題、主角，那麼圖像整體都會改變。

　　以下我們以常見的文化圖像，用 Midjourney 與 Leonardo 來示範。當我們下這兩個提示的時候：

Jesus Teaching, Stormy Typhoon, Negative Space

Buddha Teaching, Stormy Typhoon, Negative Space

　　這兩個提示中只更改了主角：佛陀與耶穌。如果依照過往的想像，生成圖像工具的提示詞只是濾鏡，那麼理論上背景、風格都應該類似。但實際上不論用哪個工具，我們都可以發現，耶穌出現的場景中，雲霧的感覺、構圖方式，都與佛陀出現時的樣貌不同。也就是說，耶穌這個具有豐富視覺意象的構成詞，在生成圖像中不只有影響單一主題，而是一整群的「組成因子」（confounding factors），佛陀也是一樣。

　　這一群組成因子會改變圖像整體的樣貌，所以任何一個構成詞都不會只有單純如濾鏡般的效果。我們接下來會提到一些很特別的字，例如季節、時段、地理與人種、年代等等，這些都是具有強烈混淆因子效果的構成詞，當然各種已經穩固定型的藝術風格如印象派、野獸派也是如此。

圖一：Buddha teaching, stormy typhoon, negative space，使用 Midjourney
圖二：Jesus teaching, stormy typhoon, negative space，使用 Midjourney
圖三：Buddha teaching, stormy typhoon, negative space，使用 Leonardo
圖四：Jesus teaching, stormy typhoon, negative space，使用 Leonardo

Describe

寫提示並不是我們天生具備的能力，當我們要開始學習更多生成圖像提示的時候，即便有一些想法，也會卡在藝術風格、構圖等用語上。畢竟大考從來不考的東西，我們通常不是很熟。還好 Midjourney 有一個不錯的功能叫 Describe，讓你不知道圖像要如何翻譯成文字時，給你一個參考。雖然這個參考不保證一定可生出與原本圖像一模一樣的產物，但這個過程可以讓你：

1. 知道有哪些字彙

2. 利用這些字彙組成提示

我們用 27 頁的圖片為基礎，讓 Midjourney 的 Describe 逆向生成提示後，得到了下列幾個提示，我列出其中兩個：

a girl wearing a hat is standing in front of an agricultural field, in the style of anime art, traditional chinese, aquarellist, anime-inspired character designs, dappled brushwork, romanticized landscapes, folkloric portraits

a cute japanese girl with a straw hat holding some farm produce, in the style of atmospheric landscape paintings, sketchfab, i can't believe how beautiful this is, romantic illustration, commission for, traditional color scheme, UE5

透過這次的 Describe，我就可以學習到一些本體詞、方法詞，例如 anime art（動畫藝術）、anime-inspired character designs（動畫般的角色）、dappled brushwork（斑駁的筆刷）、atmospheric landscape painting（氣氛風景畫）等等。如果你想把生成圖像提示當成一種個人的附加能力，那麼透過這個過程，就可以快速累積構成詞的詞彙量。

使用 Describe 時，除了單純使用 Describe 的功能並重新再生圖，還可以嘗試以下幾個練習：

1. 藝術解析分類

將所有得到的提示，甚至多次生成的提示請 ChatGPT 幫你分析當中各有哪些屬於藝術解析的分類與詞彙。可以在 ChatGPT 使用這個提示「Could you please conduct an art annotation based on the text provided below? Identify and categorize the various elements of the artwork.」然後把 Midjourney Describe 的結果貼在下面，請 ChatGPT 分析。

分析的結果可能長這個樣子，但因為 ChatGPT 有很高的隨機性，所以每次都會不同。

Artistic styles: watercolor, gongbi, folkloric portraits

Color palette: red, indigo, light red, light emerald

Associated artists/influences: atey ghailan, makoto shinkai

Visual quality: clear, crisp, charming, cute, beautiful

Subject matter: farmers, agricultural fields, rural life

Visual techniques: dappled brushwork

Elements: plants, straw hats, traditional costumes

Mood: joyful, optimistic, dreamy

Location: countryside

Cultural influences: traditional chinese art, anime art (from japan), traditional vietnamese art, and neo-impressionist

2. 再生提示

當我們把 Describe 得到的提示輸入到 ChatGPT 後，可以請 ChatGPT 根據這些提示，重新寫一個新的提示，例如「Using the annotations provided, please craft a 30-word description of the artwork, including artistic style, subject matter, visual techniques, and more.」

然後我就得到一個綜合過的提示：

a delightful anime-inspired artwork depicts a charming farmer girl with baskets of food in a scenic agricultural landscape. delicate watercolor techniques and vibrant colors bring this joyful scene to life

這個提示再拿到 Midjourney 的 /shorten 中，可以得到一個更精簡的提示

在 Describe 之外，還有許多工具可以提供相似的結果。例如 Google Bard 或 Bing（需要使用 Edge 瀏覽器），讓使用者可以輸入圖片後，請平台來描述，並且還可以規範它描述的方向或方式。同樣的圖片，我限制 Google Bard 在 50 字內描述，得到這樣的結果：

The image shows a young woman wearing a straw hat and carrying a basket of vegetables. The woman is standing in front of a field of vegetables, and the sky is blue and cloudy. The painting is done in a realistic style, with attention to detail in the woman's clothing, the vegetables, and the landscape. The colors are muted, with a predominance of greens and blues. The overall effect is one of tranquility and simplicity.

因為大型語言模型看了圖之後，是可以隨你的意思來生成，所以甚至可以要求他完成更複雜格式的內容，例如執行上述的藝術分析，要求它特別描述某一種特質。

圖一：在 Midjourney 使用 Describe 得到的結果
圖二：用 Describe 得到的提示繪製的結果，可以看看跟 27 頁的圖片差多少
圖三：使用 Midjourney 的 Shorten 後得到更短的提示

54

周邊詞

前面在「組成因子」中提到，每一個圖像都是由無數的組成因子所構成，但反過來說，每一個組成因子，也都會造成複雜的影響。當你開始使用生成圖像工具之後，將會越來越擅長描述圖像中的細節，雖然有很多細節你看得到，但是你一開始並不會想要描述這些細節，因為你也不知道這些細節如何影響圖像。

在生成圖像中，我們可以觀察到很多細節的視覺效果，其中比較重要的包含季節、時間、城市與年代等等。

季節

任何一個場景只要轉換季節，就會影響非常多的視覺元素，包含光影、色調。季節的變換不僅影響了攝影作品的色彩，還有許多其他因素也會受到季節影響：

光線：

季節不同，日照時間及光線的角度也會改變。例如，夏季的光線更為強烈和直接，而冬季的光線較柔和且斜射。

天氣：

季節性的天氣條件如雨、雪、風、霧等都會影響攝影作品的效果。例如，冬天的雪景可以創造出夢幻般的畫面，而春天的雨則能為景色增添鮮活的色彩。

景色：

季節的變化也影響樹木、植物、動物和整個生態系統。春天的新芽、夏天的綠葉、秋天的落葉和冬天的枯枝，都能為攝影作品帶來不同的視覺效果。

氛圍：

不同季節有不同的氛圍和情緒，例如冬季的寧靜、春季的生機、夏季的熱情和秋季的沉靜。

色彩：

春天以明亮的綠色和多彩的花卉為主，夏天色彩鮮豔，秋天的色彩轉為深沉的紅、橙、黃，冬天則以白色和灰色為主。

	2	3
1		
	4	

時段

此外，一天中的不同時段對生成圖像也會產生相當大的影響，從光線到氛圍，每個時刻都有其獨特性。

清晨（黎明）

這時的光線柔和，顏色暖和。這是拍攝日出、露珠、平靜湖面等的最佳時刻。這個時段的照片通常具有平靜、寧靜的氛圍。

上午

隨著太陽升高，光線變得更為明亮但依然相對柔和。此時是進行各種室外攝影的好時機，尤其是風景和人像。

中午（正午）

這時的太陽直射，光線最為強烈，對比度高，產生的影子也最為銳利。在這個時段拍照需要更精確地控制曝光以避免過曝或欠曝。

下午（黃昏）

夕陽將天空染成金色，光線柔和且色彩豐富，被稱為「黃金時刻」。這是拍攝日落、城市景觀、剪影等的理想時機。

晚上（夜晚）

此時無自然光源，需要依賴人造光源或長時間曝光。夜晚攝影可以捕捉到獨特的城市風景、星空、煙火等。

地理與城市

建築

每個城市都有其獨特的建築風格,比如巴黎的古典風情,紐約的現代摩天大樓,或是京都的傳統日式建築。這些建築不僅提供了豐富的拍攝元素,也反映了城市的文化和歷史。

環境

城市的地理環境,例如河流、山丘、公園、海邊等,也會對拍攝產生影響。這些自然環境為攝影師提供了豐富的拍攝主題和背景。

氣候

不同城市的氣候條件也會影響攝影效果。例如,陽光充足的地方可能適合拍攝明亮、活潑的照片,而雲霧繚繞的城市則能拍出朦朧、神秘的效果。

文化

城市的文化風俗和活動也對攝影有重大影響。例如,節慶、儀式、街頭藝術等都是豐富的拍攝主題,可以展現城市的特色和活力。

燈光

城市的夜間燈光也會影響攝影效果。大都市的霓虹燈光可以創造出現代、繁華的感覺,而小鎮的燈光可能帶來寧靜、懷舊的氛圍。

圖一：photography, portrait of a young farmer in Nigeria, noon autumn
圖二：photography, portrait of a young farmer in Mexico, noon autumn
圖三：photography, portrait of a young farmer in Canada, noon autumn
圖四：photography, portrait of a young farmer in Taiwan, noon autumn

年代

　　我們每個人的審美觀、價值觀、政治觀都會受到青少年時期的大量影響，也就是說，1970 年代出生的人，會大量吸收 1980 到 1990 年代的視覺價值觀，而 1990 年出生的，就受到 2000 到 2010 年代的審美觀影響。所以產生圖像的時候，也可以考慮受眾喜歡的視覺風格。特別是台灣人又受很深的日本文化影響，日本每一個年代的風格都很明顯，也都很容易觸動台灣人。

　　以下簡單以 20 年為一個階段，簡單描述一下不同年代的視覺風格，以人物攝影為範例：

1950 年代：

二次世界大戰後的重建期，社會追求穩定和正常化。受到技術影響，還是黑白攝影主導，明度對比柔和，中間灰度層次豐富。彩色照片較少，但色彩偏柔和。構圖正式，強調人物正面或側面，背景簡單。這反映了當時人們對於傳統價值和家庭觀念的重視。

1970 年代：

這是一個反文化和自由主義的時代，越戰和嬉皮文化對社會造成了深遠的影響。明度對比自然，彩色照片中顏色偏黃或偏棕，帶有復古感。構圖開始展現自由主義的影響，更加隨意，不受傳統束縛，反映了當時的社會變革和年輕人的反叛精神，也深遠地影響了後面幾個世代。

1990 年代：

隨著冷戰結束和網際網路的興起，全球化和資訊時代開始到來。明度對比增強，色彩鮮明且飽和。數位後製開始普及，構圖受到流行文化影響，多元且時尚，偶爾帶有前衛元素，反映了 90 年代的開放思維和追求多元文化的趨勢。

2010 年代：

社交媒體和智慧型手機開始普及，大家都可以拍照也都可以分享，攝影更加民主化和即時。高清晰度和高對比度成為主流，色彩極度飽和且多樣。構圖受社交媒體和自拍文化影響，更注重背景和環境的融合，展現多樣性。這體現了新世代追求自我表達和分享的文化特質。

更精準地描述

生成圖像工具在剛開始商業化的時候，並無法精準描述，或者描述後要經過多重的嘗試，才能得到比較滿意的結果。生成圖像工具實際上並非「看到文字」就「變成圖像」這麼簡單，中間有經過不同的流程，其中一個很重要的流程是先解讀文字，而文字解讀的能力是有上下之分的。

當我們把生成的提示分成本體詞、認識詞與方法詞的時候，生成圖像工具對於本體詞的表現通常最好，最敏感，所以我們也建議將這部份的詞放在最前面。而認識詞的表現不一定很好，特別是關於內容的配置、位置、順序、性別、姿勢等等，通常無法如我們所意，例如：

主題：

人物、物品，如果要精準描述，可能包含了形狀、顏色、姿態、方向等等。

順序：

可以在一個方向中，例如由上往下，說明不同元素的關係，例如上面、中間、下面或前面、後面。可以說最上面有窗戶、前面有花盆、下面是地板等等。

位置關係：

說明特定物品在畫面的哪一個位置，如果有多個元素，之間的位置關係如何，例如「貓在人的左邊」、「花瓶在畫面的右邊」。

環境與背景：

具體說明整個畫面的環境如何，以及背景是什麼樣的景色。

光線與陰影：

光線強烈、柔和、直接、間接以及陰影是否明顯、強烈等等。

如果我們要描述「一位正在繪畫的女性」，就可以嘗試展開成：

在一個寬敞的工作室內，一位亞洲女性畫家站在畫布前方的中央，穿著藍色的工作服，專注地畫上最後一筆。她左邊有一個高大的明亮窗戶，窗台上擺著一盆開花的紅色鬱金香。畫布上描繪著一片森林，在畫的最前方是一條蜿蜒的小溪。整個房間被柔和的自然光籠罩，形成了畫家和畫布上的明顯陰影。

這樣的提示很精準，生成圖像工具會盡可能完成，即便你使用的工具此時達不到，也可以預期會越來越好。

在本頁中，使用一個精準的提示，並看看在不同平台的效果如何：

1	2
3	4

圖一：Midjourney 5.2
圖二：DALL·E 3
圖三：Bing Creator
圖四：Leonardo.ai /
Leonardo Vision XL

Photo of a spacious art studio with an Asian female artist standing in the center in front of a canvas, wearing a blue work apron, focused on adding the final strokes to her painting. To her left, there's a large bright window with a red flowering tulip in a pot on the sill. The canvas features a forest scene with a meandering stream at the forefront. The entire room is bathed in soft natural light, casting prominent shadows on the artist and the canvas.

使用 ChatGPT 產生圖像

　　很多人以為 ChatGPT 這樣的大型語言模型與生成圖像工具是兩種不同的東西，但我們現在用的生成圖像工具與大型語言模型其實是利用類似的方式訓練出來，只是被改成不同的呈現方式。以 DALL‧E 為例，就是基於 GPT-3 的多模態應用，第一版的 DALL‧E 是一個擁有 120 億個參數的圖像版 GPT-3，就像今天有兩個人受了 12 年的教育，但畢業時一個只允許畫畫，但另外一個可以說話。

使用 ChatGPT 產生圖像的方式比寫提示
更接近「與人溝通」，我們可以從簡單的創意開始，
然後每次修改一點點我們的想像，
直到滿足我們的創意為止。

　　在這個過程中，如果你掌握了本書所提到的基本技能，可以更精準地跟 ChatGPT 溝通，並且直接修改 ChatGPT 的提示。

　　接下來示範如何漸進溝通，每次都修改一點點。

---

1. 我希望創造一張現代亞洲男性與古典歐洲女性的圖片，所以請 ChatGPT 這樣產生圖樣。

---

2. 我看到圖片是繪畫風格，所以請 ChatGPT 調整成照片模式，並且移除中間的線。

---

3. 第三張我要求改成當代都市風景，結果人物手上都自動拿了手機

---

4. 第四張我要求看地圖。

　　在這個過程中，我們可以大量應用合併型與改善型創意，並且可以隨時查看 ChatGPT 所寫的提示，從圖像與提示的結果都可以逐步請 ChatGPT 增加、減少、改變圖像中的所有元素。

1	2	3
4		

基礎提示技巧

雖然 AI 彷彿是有求必應，但學會這
些基礎技巧之後，可以讓生成的圖
片更能實現自己的想法。

5

博物館參觀法

　　不同的人對於如何下提示都有一套自己的方法，每一種方法我都覺得很好，但我建議對於初學者而言，可以將圖像的提示分成三個部分，就像去美術館參觀一樣。這三個部分在後續幾頁會詳加說明。

我們從外而內逐一說明這三個部分的提示。
雖然不用真的依照這個順序，
但這個順序可以協助初學者快速理解
提示的種類，並且可以自由變化。

　　大家都有去過美術館、博物館的經驗，我們現在想像要提示的東西，就是一個放在美術館內的展品。當我們要寫提示的時候，就先想像現在要逐步走近這幅作品，並且隨著走向作品的過程寫下提示。

提示構成類型	觀展過程	說明
本體詞	踏入展廳前	美術館的展廳通常都會有名稱，例如「19 世紀法國藝術」、「印象派」、「巴比松畫派」、「陶器」、「日本昭和廣告」等等。這些名稱是藝術品最上層的概念，當撰寫提示時，我們把這樣的名詞稱為「本體構成詞」，通常對型式與風格有最強烈的影響。有些人會把本體詞稱為「風格」，但風格只是本體的一部份，例如抽象、RPG 等等。但金屬浮雕、廣告海報等等，也都是本體，所以建議用本體來理解這類提示構成詞。
認識詞	走近作品	當我們站在作品前，可以辨識這個作品的主題，例如「農場的少女」、「未來太空船」、「恬靜的村莊」、「愛情與煩惱」……，這樣的主題影響其他人如何辨識，我們稱之為「認識構成詞」。 這類型的詞可能很具像，例如汽車、小狗、公園，也可能很抽象，例如快樂、憂傷、夏天等等，但我們都能從作品中辨識出來。
方法詞	端詳作品	仔細看作品：如果你不是走馬看花，就會看到這個藝術品的細節，包含技巧、顏色、構圖、質材等等，這部分稱為「方法構成詞」，在提示中會進一步影響作品的效果。

以下來說明一個從遠到近的過程。首先，我們想要一幅印象派的教堂；其次，這幅作品在 19 世紀的安達路西亞；最後，這個教堂有熱帶色調（tropical colors），並且使用厚塗手法。以下依序是疊加不同層次提示構成詞的結果：

圖一：印象派的教堂
圖二：印象派安達魯西亞的教堂
圖三：印象派熱帶色調 19 世紀安達魯西亞的教堂
圖四：印象派厚塗熱帶色調 19 世紀安達魯西亞的教堂

本體詞

生成圖像工具在學習的時候，會學習與圖像一起出現的文字。這些文字包羅萬象，你可以想像在一張餐廳菜單的照片旁邊，可能會出現料理名稱，也包含了食材、價格；而攝影作品旁邊，則會說這是哪一種攝影、主題與情緒是什麼。生成圖像工具透過這種學習方法，知道了各種不同的「本體詞」。

本體詞也可以看成當你要委託他人製作時的付費項目。今天你看到的是一張美女的照片，但委託攝影師時，報價單上會寫「時尚攝影」；你要漂亮的風景畫，帳單上寫的會是「油畫一幅」；這些都是「本體」。我將生成圖像表現比較好的本體分成四個類別，分別是繪畫、攝影、物品與平面設計。

繪畫

生成圖像工具的學習範圍包含了從古至今大量的圖畫，特別是從 WikiArt 與各大美術館、博物館的公開資料中。學者 Liu 與 Chilton（2022）研究發現，生成圖像工具對於越古老的畫風，表現就越好，因為越古老的畫風越不會有變化、大家的共識也高。

繪畫又可以分兩種常見的「本體詞」，第一種是歷史風格，例如印象派、野獸派，第二種是材料，例如油畫、水彩。

雖然生成圖像工具可以「模擬」不同的繪畫風格，但要特別注意一點，受到前面介紹的「混合因子」影響，生成圖像工具很難單純模擬單一風格。加上每個平台、每個模型的演算法都不樣，所以生成結果只能「偏向」某種風格，而不是真的如 Photoshop 的濾鏡般，每次、隨時都得到穩定、精準的歷史風格。

繪畫類型

watercolor 水彩

oil painting 油畫

ink 水墨

gongbi 工筆

pastel 粉彩

acrylic 壓克力

chine collé 裱貼

marker 馬克筆

gouache 水粉

line art 線圖

ukiyo-e 浮世繪

繪畫風格

impressionism 印象派

expressionism 表現主義

fauvism 野獸派

art deco 裝飾派藝術

child drawing 兒童畫

compositionism 構成主義

editorial comics 政治漫畫

still life 靜物

攝影

攝影的歷史沒有很久，是當代的產物，並且也曾經像生成式圖像一樣，衝擊過藝術家與繪畫產業。第一次衝擊是攝影本身，取代了肖像化，第二次則是照相製版，讓藝術品得以大量被複製、傳播。西方藝術界因為這兩次衝擊，都產生了很大的變化。

現在生成圖像工具很容易產出攝影作品，而且越來越逼真，難以分辨真假。我們可以拿來生成類似攝影、照片的作品，但也要擔心被濫用，請參考本書最後提到的「假新聞」。

生成圖像工具認得非常多攝影風格，但不同的生成工具對於攝影的品質、提示都不同。例如原本 Midjourney 需要下 realistic photography 才能得到真實的照片，在改版之後，經常只要寫出有人的提示，就會自動成為真實照片風格。如果希望生成出好看的攝影、照片，最好在本體詞上多下功夫，並體驗不同攝影風格的異同。

常見的攝影風格與技巧

product photography 產品攝影

commercial photography 商業攝影

stock photo 圖庫相片

wedding photography 婚禮攝影

children photography 兒童攝影

composite photography 合成攝影

documentary photography 紀實攝影

double exposure 雙重曝光

editorial photography 新聞攝影

fashion photography 時尚攝影

fisheye lens 魚眼鏡頭

food photography 美食攝影

landscape photography 風景攝影

micro photography 微距攝影

tilt shift photography 移軸攝影

time lapse photograph 縮時攝影

high speed sync 閃燈高速同步

long-exposure photography 長時間曝光攝影

panorama 全景

	1		
2	3	4	

物品

生成圖像在建構模型的時候，很容易學會各式各樣的物品，從手錶、汽車到各種雕塑方式都很強。因為我們生活中充滿了各式各樣的物品，生成圖像工具可以協助我們快速驗證對於各種物品的想像力。

一些物品的材料也可以添加至提示詞當中，可以是傳統的用法，例如 wooden sculpture，也可以自己發明新的材質用法及組合。

以下列出一些我覺得相當好的物品類型，如果有時間，可以每一種都嘗試看看。

trophy 獎盃	ring 戒指	relief 浮雕
balloon art 氣球藝術	sculpture 雕塑（可與任何材料組合）	embroidery 刺繡
diorama 模型	knotwork 繩結藝術	clay 黏土
dish 盤子	paper sculpture 紙雕	crochet 毛線
mug 馬克杯	paper craft 紙藝	felt 羊毛氈
installation art 裝置藝術	folded geometric paper sculpture 幾何紙雕	voxel 立體塊
stage design 舞台設計	stained glass 彩繪玻璃	
wristband 手環		

	1		
	2	3	4

平面設計

不同的生成平台對於設計的能力差異很大，主要是因為許多設計物的圖片並不一定帶有相關的文字，因此機器要從更小的資料庫當中學習並建立模型，品質就不一定好。

但許多設計物都有獨立的樣式、風格，所以很適合當成靈感參考。我在學校的課堂中推薦學生可以用生成圖像來獲得靈感，而參考生成圖像作品來設計的成果普遍也不錯。

原則上，只要你叫得出名字的設計物，生成圖像工具都能盡量做出該設計物的風格，不過依舊會受到不同平台的影響；同時每個平台、每個模型、每個改版，對於提示中每一個構成詞的接受程度都不同，所以同一個設計風格的提示詞放到不同平台，效果必定不同。

設計物可以分以下兩種。一種是特定的物品，像雜誌封面（其實可以分更細，例如時尚雜誌、運動雜誌等等）、CD 封面、遊戲封面等等。另外一種則是特定的設計品，例如資訊圖表、植物目錄等等。

設計物品	特定設計
CD cover CD 封面	infographic design 圖表設計
game cover 遊戲封面	botanical catalogue 植物圖鑑
magazine cover 雜誌封面	comics page 漫畫
poster 海報	knolling
tarot card 塔羅牌	product sketch 產品素描
website design 網站設計	schematic design 建築概念設計
calendar design 日曆設計	storyboard 分鏡
	expression sheet 表情包

認識詞

在「博物館參觀法」當中，我們第二個階段就是描述主題。因為生成圖像無法非常精準呈現你要的物件，這一部份只能依靠不斷迭代來獲得比較好的成果。

儘管主題無法精準呈現，但我們還是可以透過一些方法來趨近我們的目標，或者事後用局部生成的方式來控制。控制主題與畫面的方法包含了構圖手法、畫面繁簡、取景角度等等比較大的控制方法，但也包含了其他幾個幾個方法：

指定物件

如果你想要在畫面中看到什麼，就直接在提示輸入你要的東西。生成圖像工具為了讓你指定的東西出現，會自己做相對應的調整，並改變構圖、取景。例如你想要眼部的特寫，寫「eyes」效果要比「extreme close-up shot」要更好，因為圖像的重點已經變成眼睛。

在不同的情景中，指定物件會有很大的變化。在室內設計中，可以要求有窗子、沙發、桌子；在設計手錶時，則變成錶框、錶針、錶盤；到了風景中，高山、河流、湖泊、岩石都可以指定。

人物姿勢

很多人用生成圖像產生人像，但人物如果只是呆呆地站在畫面中，看起來很呆板，所以我們要讓人物更有動感。要控制人物的姿態，會有幾種不同方式：

直接描述肢體動作，例如
crossed arms, v-sign, hands up 等等，或頭的角度 looking over the shoulder, looking at camera。

描述姿態與活動，例如
confidence pose、defensive pose、dancing。

敘述情緒與心境，例如
bewildered、anxious、exhausted。

這個層次的提示描述並不容易，因為生成圖像並不是繪圖工具、也沒有建立各種姿勢、位置的模型，不要苛求。若想要知道更多的姿勢、情緒、物件等等，可以用搜尋引擎或大型語言模型來協助。

在這一頁，我們示範完全只描述肢體，
看看生成圖像工具能力如何：

圖一：雙手舉高
圖二：比 v-sign
圖三：手托下巴
圖四：頭側看

	1		
2	3	4	

這一頁描述的是情緒、整體動作與姿勢。我們不一
定要完全提示肢體動作，還是可以有肢體效果。

	1		
2	3	4	

圖一：手舞足蹈
圖二：困惑
圖三：迷惘
圖四：防禦姿態

風景中也是要清楚描述
你需要什麼：

圖一：stratovolcano 複式火山
圖二：ephemeral beauty 短暫的美麗風景
圖三：rugged terrain 崎嶇地形
圖四：escarpments 懸崖

構圖構成詞

在生成圖像中，如果是「全生成」模式，例如 Midjourney，我們需要完全寫出希望的構圖風格；但如果是局部生成的工具，例如 Stable Diffusion、Leonardo 或 Playground 這種，可以接受姿態、輪廓檔案的，就不一定需要自己描述構圖。

很多人期望在全生成工具中，精準描繪主角的所有細節，但囿於生成圖像工具的特性，細節很難精準被描述，我們只能給出一些方向，讓生成工具在這個方向中生成。

受到生成圖像學習的限制，
不是所有構圖都能夠妥善呈現，
以下列出一些在生成圖像中，
效果比較好的構圖構成詞建議。

如果特定的提示構成詞無法很好達到效果，請考慮轉換其他構成詞，或者增補一些。例如取景時，大遠景或大特寫都不太容易成功，這時候大遠景加上 wide angle、大特寫加上 eyes，都可以讓生成圖像更容易達到你的目的。由於現在大部分的工具也都有 outpaint 功能，大遠景只要透過 outpaint，都能輕易達成。

以下使用 Midjourney 5.2，認識詞為 cybernetic city, 2 girls，另外加上構圖的構成詞，例如 cybernetic city, 2 girls, intricate details 來呈現差異。

複雜程度

從 minimalist、intricate details 到 maximalism，我們可以在同樣的場景中，變化主角、背景的複雜程度。

構圖

圖一：電影式構圖

cinematic composition

這種構圖風格將電影的拍攝技巧應用到構圖中，通常會有深度場景、廣闊
的視野、使用天然或人造的框架，不會有擺拍的感覺。

圖二：中心構圖

center composition

這種構圖方式將主題置於畫面中心，營造強烈的視覺衝擊。

圖三：導引線構圖

leading Llines

這種構圖使用線條將觀眾的視線導向照片的主要部分或重點，創造動感。

圖四：留白構圖

negative space

這種構圖方式強調在主題周圍留下大量的空白空間，主題變小，有大量留白，
適合用於海報等需要另外壓字的作品。用 outpaint 也能達到同樣效果。

圖五：對稱構圖

symmetrical composition

這種構圖方式使用對稱元素來創造平衡和和諧，兩個物件會差不多大。

圖六：不對稱構圖

asymmetrical composition

這種構圖方式使用不對稱的元素讓畫面充滿動態變化，有層次感。

取景

生成圖像工具對於取景或者遠近構圖的表現並不太好，光有提示詞可能不夠，需要另外增補其他提示。

		2		
1	3	4	5	

圖一：大遠景
extreme long shot

這種鏡頭將攝像機置於非常遠的地方，通常用於展示背景的大規模場景，如山脈、城市或廣闊的風景。在這種鏡頭中，人物通常很小，幾乎看不清楚。通常加上 wide angle 效果會更好。

圖二：遠景鏡頭
long Shot

全景鏡頭捕捉的是人物的全身和周圍的環境。在這種鏡頭中，人物和背景都有一定的重要性。

圖三：中景鏡頭
medium shot

中景鏡頭一般會展現人物的上半身以及一部分背景，這種鏡頭常用於展示人物的行為和表情。

圖四：特寫鏡頭
close-up shot

近鏡頭將鏡頭拉近到人物的臉部或其他重要的細節。這種鏡頭通常用來傳達人物的情感或突出某個重要的物件。

圖五：大特寫
extreme close-up shot

極近鏡頭將鏡頭拉得更近，只將焦點放在一個特定的細節或特寫上，例如人的眼睛或者其他微小的細節。因為生成圖像工具的大特寫通常無法成功，所以需要加上 eyes，就可以達到效果。

視角

圖一：正面視角
front view

正面視角是指攝像機直接面對人物，可以捕捉到人物的全臉。這種視角適用
於展示人物的表情和情感，或者與觀眾建立直接的視覺聯繫。

圖二：半側視角 (四分之三)
three-quarter view

這種視角介於正面視角和側面視角之間，可以看到人物臉部的大部分。這種
視角適用於提供更全面的人物描繪。

圖三：側面視角
profile view

側面視角是指攝像機與人物成 90 度角，只能看到人物的一側臉部。這種視
角適用於創造距離感，或者揭示人物的內在思考。

圖四：背面視角
back view

背面視角是指攝像機位於人物的後面，只能看到人物的背部。這種視角可以
創造神秘感，或者使觀眾將自己的情感投射到人物上。

圖五：俯視角
high angle

俯視角是指攝像機從人物的上方拍攝，使人物看起來較小或弱。這種視角可
以創造權威感或者凸顯人物的孤立無助。

圖六：仰視角
low angle

仰視角是指攝像機從人物的下方拍攝，使人物看起來較大或強大。這種視角
可以創造崇高感或者凸顯人物的權威和力量。

方法詞

寫提示的最後一個階段是細節與方法，這部份的字隨不同的主體千變萬化，本書只能稍微提供幾個範例。這些字對主體會有程度不同的影響。

顏色

在生成圖像當中，顏色大致上都能很好地表達，但因為我們不太容易具體上色，所以雖然整體的色調可以表現好，個體的顏色有時就不容易成功，需要多次迭代。有些主題與顏色因為有既定搭配，所以會有比較強的組合因子效應。

顏色的色調包含：

warm colors 暖色調	vibrant 活潑	ocean colors 海洋色調
cool colors 寒色調	muted 柔和	tropical colors 熱帶色調
earth tones 大地色	neutral colors 中性色	blush tones 粉嫩色調
pastels 粉彩色	high contrast 高對比	vintage colors 復古色調
	low contrast 低對比	

技巧

很多藝術風格都有細微的技巧，這些技巧有些表現很明顯，例如油畫的厚塗，但也有很多看不出差異。這樣的技巧可以上網查詢，或請大型語言模型列舉。

水彩	油畫	攝影
glazing 上釉	impasto 厚塗	long exposure 長時間曝光
wet-on-wet 濕上加濕	glazing 上釉	bokeh 散景
dry brush 乾刷法	scumbling 磨塗	macro 微距攝影
splattering 潑灑	grattage 刮劃	star trails 星軌攝影
sgraffito 刮劃	sfumato 柔化	time-lapse 時光縮影
lifting 提色	chiaroscuro 明暗對照	tilt-shift 傾移

以下用拉不拉多示範兩種油
畫及兩種水彩技巧的差異：

圖一：水彩潑灑 splattering
圖二：油畫厚塗 impasto
圖三：油畫磨塗 scumbling
圖四：水彩刮劃 sgraffito

	1	
2	3	4

創意類型指令

我們在 41 頁提到，創意不是只有講求前無古人、後無來者的原創型創意，還有合併型、改善型創意。再加上生成圖像工具也可以提供靈感，所以我們不用執著於將提示寫得非常精妙、詳細，而是在生成工具中，盡量找到更多的靈感、創造偶遇的機會。

以下的指令以 Midjourney 為主，不同平台不一定有類似功能、名稱可能也不一樣，但隨著生成平台技術的發展，相信都會變成普及的功能。

Chaos

在生成藝術發展的過程中，創作者除了追求隨機性，也會變動「不可控性」，也就是讓隨機的範圍變大或者變小。在 Midjourney 中，這個功能稱為混亂（Chaos），詳細的使用方法請參考前面提到的不可控性（26 頁）。

Permutation

在合併型創意中，組合多種物件與風格，常能帶給我們新的想法，或者提升我們使用合併型想像力的能力。

在 Midjourney 中，Permutation {} 是一個很好用的方法。同樣是畫風景，你可能會想快速知道水彩與油畫的差異在哪裡，暖色、大地色與寒色哪裡不一樣，只不過，光是這兩項的組合就有六種方法。如果你懶得一一下提示，你就可以用 Permutation 來寫這樣的提示：

{watercolor, oil paint} illustration, landscape, {warm, earthy, cool} colors

然後 Midjourney 就會提供以下六種組合：

watercolor illustration, landscape, warm colors

watercolor illustration, landscape, earthy colors

watercolor illustration, landscape, cool colors

oil paint illustration, landscape, warm colors

oil paint illustration, landscape, earthy colors

oil paint illustration, landscape, cool colors

當然這樣的功能也可以用 Excel 或 Google 試算表等軟體達成，不過 Midjourney 是快速測試合併型想像力時最快的方法。

Watercolor Illustration, Landscape, warm colors

Watercolor Illustration, Landscape, earthy colors

Watercolor Illustration, Landscape, cool colors

Oil Paint Illustration, Landscape, warm colors

Oil Paint Illustration, Landscape, earthy colors

Oil Paint Illustration, Landscape, cool colors

常見的十種
生成圖像技巧

善用這些技巧，我們可以更有效地
使用生成工具，提升我們的創意。

6

人工智慧生成圖像（以下簡稱 AIGA）源於生成藝術，我們應該用生成藝術的角度來思考如何使用。以下根據生成藝術的發展脈絡，提供十種常見的技巧與思維。

隨機（Randomness）

在生成圖像的技巧中，我們最常接觸到的就是隨機（Randomness）這個功能。也因為這個功能幾乎是所有人、每一次生圖都會遇到的功能，很多人不會把隨機當成一種技巧。但隨機在生成圖像中很重要，也是我們的選擇，我們要知道生成圖像工具不論是全生成或局部生成，都要接納隨機並且欣賞隨機。

與講究精準的「繪圖」不一樣，生成的目的就是隨機，隨機就是生成的特性，生成的創作者，是透過隨機後的選擇、策展來達到我們的目的。

變體（Variation）

變體是我們隨機產生圖片後，透過指令再生成若干類似但不同的圖片。變體也是一種隨機的過程，但不同平台、不同演算法、不同時期，變體的效果都不會相同。以 Midjourney 為例，一開始的變體幅度很大，後來縮小，到了 2023 年 6 月，索性提供兩個變體的選項，讓使用者可以決定要幅度較大的變體或幅度較小的變體。

選擇（Selection）

生成圖像的第三個技巧為選擇，我們在每一次的隨機、變體、混亂之中，可以不斷決定我們是否要：

使用這張圖	利用這張圖進行合併
利用這張圖進行變體	將這張圖逆向生成提示

這項技能與我們的鑑賞力有直接關係，但會隨著生成圖像的使用經驗而逐漸提升。

以上三者是生成圖像的基本特性，也是使用生成圖像的基本技巧，要善用這樣的技巧，我們才能快速獲得靈感、輔助我們增進視覺的想像力。

混亂（Chaotic）

我們知道生成圖像很依賴隨機，但隨機的變化範圍通常有限制，因此需要一個方法來控制隨機的幅度。由於這樣的功能較少平台提供，目前表現最好的為 Midjourney，因此我們就用 Midjourney 的指令 Chaos 來命名這個技巧為「混亂」。

生成圖像必有隨機性，如果不喜歡、不接受隨機性，用生成圖像工具就會用得很辛苦。但如果隨機性是你所期望的，並且希望能自己控制隨機的程度，這樣就可以來嘗試混亂性，在生成圖像中，讓隨機性的變化大到可能稍微超乎你的控制與想像，在這個可控與不可控之間，增加「偶遇」的機會，提升你的想像力範圍與類型。

控制（Control）

生成藝術原本的理想是由演算法決定畫面中的所有元素，但在實際應用時，還是有人想要控制輪廓與骨架，把控制權拿一點點回來，畢竟不論使用者控制了 1% 還是 99%，都還是生成圖像。因此在 Stable Diffusion 中出現了一個新的功能 Controlnet，並且從 SD 擴展到 Playground、Leonardo 等等平台，都可以讓使用者上傳圖像後，增加對圖像的掌控能力。

比較常見的控制有兩種：

姿勢（Pose）控制：
主要是控制人物的姿勢、動作，可以讓人保持固定的動作。

輪廓（Edge）控制：
控制物件的外型，不讓外型隨機生成，而是依照外框線來生成圖像。

使用控制的時候，可以直接輸入其他現成的圖片，例如人物照片，生成圖像工具就能依照姿勢來生成新的圖像。輸入的圖像並不一定要是人物，也可以是各種東西，包含文字。

此外，我們也可以設定控制的影響力高低，讓生成圖像完全依循上傳的圖檔來生成，或者在這裡又允許一部份的隨機性。注意，隨機與控制在生成圖像工具中，永遠是相互伴隨的概念。

1	3
2	4

圖一：這一個日本女士的圖像的姿態是來自於
181 頁「假新聞」中的梅克爾，用 Leonardo 生成
圖二：看得出這個房子像哪個中文字嗎？這是使
用輪廓控制功能產出的。

圖三：這間房子與上面這張來自同樣的輪
廓，用 Leonardo 產出，但允許隨機性。

圖四：這間房子是在 Playground 中，用
輪廓功能產出，並要求完全符合輪廓。

排除（Negative）

　　許多生成圖像工具都允許使用「負面提示」，排除不想要的風格、元素。不論是在圖像或語言生成工具，我們的提示永遠都有正面表列與負面表列這兩種方法。正面表列提供許多集合，生成工具在提示中盡可能找到交集。而負面提示則是從這些交集中，再挖去某些子集合，如此我們可以更精準地排除不想要的東西，或是已知的生成工具缺陷。

　　例如圖像生成工具經常會模仿學習來源的圖片，加上浮水印、商標，我們就可以在負面提示中加上 logo, watermark 等。在 Leonardo 等工具請輸入在專門的 Negative Prompt 欄位中，在 Midjourney 則是在提示後面加上 － no logo, watermark。

> 如果你今天畫一支吹風機，
> 但不想要出現人，就可以在 Midjourney 輸入
> － no person, human, model 等等。

　　由於工具的不同，負面詞的使用需求也不同。以 Midjourney 而言，通常不需要下很多的負面詞，但在某些平台上，負面詞幾乎與正面提示一樣重要，甚至是風格的一部分，每次都要貼上一樣「冗長」的負面提示。

　　以下列出一些常見的品質負面排除字：

品質問題	人物殘缺	構圖問題	水印與文字
bad art	bad anatomy	weird colors	signature
ugly	missing arms	blurry	username
beginner	missing legs	low contrast	watermark
amateur	poorly drawn face	underexposed	headline
worst quality	poorly drawn hands	overexposed	title
low quality	extra limbs	jpeg artifacts	logo
poorly drawn	extra fingers	low saturation	
style mutation	too many fingers	bad composition	
	fused fingers	bright picture quality	
	distorted face	character attributes	
	malformed limbs	gross proportions	
	deformed body features	bad proportions	
	long neck		
	poorly rendered face		

圖一：吹風機如果沒有特別說明，常會出現人
圖二：負面提示可以只出現物品
圖三：生成圖像經常會學習到不該學的東西，例如浮水印、網址、商標等等
圖四：可以利用負面提示請生成圖像工具不要出現不必要的文字

畫布功能（Canvas）

生成圖像工具一開始只能全生成，使用者要麼就是 100% 讓工具生圖，要麼就是 0%。但因為生成圖像很難局部控制，花再多時間練提示，也無濟於事，畫面中的局部配置、物品數量、角度，都很難用提示完美達成。我在上課時經常會有人問到類似問題，但並不是生成圖像一開始的目的。

但因為有這樣需求的人太多了，使用者在 0% 與 100% 之間，開始希望有更多的選擇。所以生成圖像在發展的過程中，開始增加了「局部生成」的能力，也就是「畫布」（Canvas）功能，使用者可以在圖像的外緣（Out-Paint）、內部（In-Paint）來指定生成的範圍，大幅拓展了「生成」的可能性與創意應用空間。而且局部生成的底圖不限於生成圖像自己的圖片，使用者可以上傳任何自己有版權使用的圖片來從事局部生成。但不論是 1% 或者 100%，這都是生成圖像。

以下舉例幾個可能的使用場景：

室內設計：

將已經完成的室內設計作品快速修改局部，或者把空屋瞬間加上裝潢示意

服裝設計：

瞬間變更人物的穿著、細節

背景變更：

將人物的背景全部或局部變更成另外一種風格

補完：

將一張圖片的某一個方向或者全部再補充生成

縫合：

將兩張或多張圖片的中間部分自動生成後，結合多張圖片為一張圖片

畫布雖然提供了各種「局部生成」的效果，使用者通常還是需要用到前面章節的文字提示技巧，但可以把這些技巧應用在更多地方。雖然不同平台擁有的功能不盡相同，但原則上我們可以把這些功能當成「設定生成圖像局部生成的範圍」。

	1	
2	3	
4	5	

圖一：Midjourney 的 Zoom，功能比較簡單
圖二、三：Leonardo 的畫布，功能很複雜，
這是遮罩的功能
圖四：Playground 的畫布
圖五：DALL·E 的畫布，功能簡單

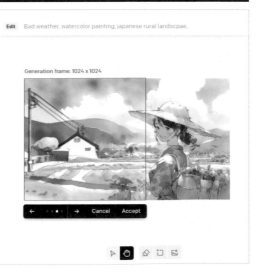

外部生成（Out-Paint）

擴畫或者又稱擴圖（Out-Paint），是生成工具的一種特別功能，有點類似以圖生圖，只是原圖還在，但是從原圖的旁邊長出新的圖。在生成工具中，通常放在「畫布」（Canvas）功能當中。雖然不同工具的擴圖用法有些許不同，但原則上都可以達到下列成果：

單邊擴畫

從畫面的單側或者多側延伸出新的圖案，這其中又分為下列兩種：

有提示：工具需要寫出提示才能繪圖，原圖並無參考意義。

無提示：工具不需要提示就能繪圖，是一種真正的以圖生圖。

選擇繪圖框時，請盡量多選擇原圖像，保留足夠空間讓生成工具學習原來的風格。

外部生成的範圍在原始圖像之外，厲害之處在於可以從原來的圖像向外延伸，甚至從不同的圖像延伸，用法非常多元，也請參考後面的練習。

外擴：

在原圖片的外圍，不論是單邊或者多邊，選定好範圍後，再下提示，就能夠延續原來的圖像，「長」出新的圖像。當然，設定的外圍越大，新的圖像與原來的差異就越難控制。在 Midjourney 中，可以用 Pan 達到單邊的擴畫，或者 Customer Zoom 達到多邊的擴畫。

縫合：

將兩幅或多幅作品「無縫」拼接起來，是一種高難度的設計行為，需要將每一個作品與另外一個作品無縫連結在一起。這樣的能力，尤其當風格不同時，即便對好的設計師也很困難。

生成圖像工具可以讓兩張甚至多張圖縫合在一起，看似一張圖，非常厲害。

當使用縫合功能時，需要輸入兩張或更多的圖片，並且在兩張圖中間留下位置，依照功能不同，選擇是否要輸入提示。

如果兩圖彼此差異很大，建議提示需要同時寫出兩邊的概念與特色，並且留較大的位置讓電腦繪製出過渡的景色，或者將兩邊圖像中，看起來很不容易與另外圖片融合的部分，用橡皮擦抹去，方便生成圖像工具縫合。

圖一：我用 Midjourney 生成兩張圖片，一張是水墨風格的日本男人，一張是現代時尚攝影風格的日本女性，放入 Leonardo 的畫布後，讓兩人對看，中間保持一定的距離。

圖二：提示設定為「dreamy, Japanese forest in park」，讓兩者之間有機會可以過渡，你說這表現好不好？

圖三：我重新移動位置後，重新生成，此時原來的兩張小圖的四邊全部都重新再生成。

圖四：在 Midjourney 中，我利用 Zoom 的功能，也讓原來的小圖從 1:3 的窄圖，變成一張正方形的圖片，並在下一頁中示範如何透過 In-Paint 修改背景。

1	2
3	4

a japanese forest in a park, dreamy, traditional style

內部生成（In-Paint）

生成圖像工具若提供畫布（Canvas）功能，則通常也允許使用者局部修改，這一塊的進步速度相當快，在本書撰寫的過程中，可以一直看到不同公司推出新的功能，包含：

橡皮擦（Eraser）

這是畫布的必備功能，只要擦掉的地區，就是生成圖像的生成範圍。但生成圖像生成時，都還會考慮周遭的圖像，並與周遭圖像盡量融合成一體。不同平台這部分的名稱可能不同。

遮罩（Mask）

畫布工具中的遮罩可以讓你將畫面中的一部份轉變成新的圖樣，在這個過程中，原來圖樣的輪廓還會保留，但在這個基礎上重新生成內容。

畫筆（Sketch）

相當於是在一個小的範圍內，指定生成圖像的區域、尺寸與形狀。例如你設定一個小朋友的背後要有斗蓬，你設定好範圍後，斗蓬就會如你所願生成在這個範圍內。

以生成藝術的角度而言，這樣的行為就漸漸地把控制範圍縮小，也減少了隨機性，對於非設計師而言，雖然看起來要比完全生成來得困難，但也提供了更多的創意空間，同樣可以展現三大創意形式。

圖一：我用剛剛示範外部生成的圖片當成範本，來示範遮罩、橡皮擦與畫筆功能的差異。這張圖片的背景原本是公園的散景，但是注意看可以看到後面有幾根垂直的樹，同時畫面左下角有一塊比較明亮。以下的範例統一設定提示為「a cyberpunk city, tokyo, japanese style, bokeh」。

圖二：遮罩：背景構圖與原來圖像類似，左邊、右邊都有垂直的物品，左下角的建築物一樓也與原本圖案類似。

圖三：橡皮擦：這時候背景就比較自由，畫面左邊沒有垂直貫穿畫面的構圖，左下角也沒有一塊特別明亮的區域，取而代之的是左邊中間的街燈。

圖四：我用畫筆模式，在圖上簡單畫了兩個區域，有點建築物的感覺。

圖五：畫筆模式會把畫筆畫的東西當成圖示提示，並在這個基礎上加上文字提示，所以繪製出偏藍色的都會背景在後面。

生成式繪畫法

利用 ChatGPT 這樣的工具，我們生成圖像時可以花更多時間來思考自己想要的意念，而不是提示。這時候有清楚的想法會更重要。

我在 ChatGPT 中，想要產生一張海報，呈現一個學生在石碇茶園中，利用生成圖像重現自己想法。

圖一：第一張圖片比較不成功，變成在桌上繪圖

圖二：第二張圖片稍微好一點，但有畫筆感覺很像電腦繪圖

圖三：我希望她像指揮一樣，在空中指揮出圖像，不過圖三出現了音樂的符號

圖四：最後圖四出現我比較滿意的圖像

即時生成圖像

如果你希望自己繪製一點草稿，又能夠立刻看到草稿透過「以圖生圖」的效果，就可以尋找提供這樣功能的平台。

生成圖像工具發展到 2024 年，出現了即時生成圖像，這個概念相當於結合繪圖工具、全生成功能以及圖像生成功能。

在即時生成圖像下，使用者可以先寫好提示，然後再繪製自己想要的內容，也就是說，我們要知道自己繪製什麼風格（提示），之後再更精準地提供形式。

如何用

即時生成圖像還是一種生成圖像，所以也需要知道如何下提示，然後才在草稿區繪製自己想要的樣子，最終挑選圖像。

步驟一，寫出簡單的提示：因為我們會實際繪製草稿，所以圖像中的構圖並不需要被描述得很清楚，而且可以在繪製的過程中隨時再補充、修改。原則上我們就寫上本體構成詞、認識構成詞即可。例如我想要繪製一個 logo，我們的提示可以寫 logo design, abstract, minimalist 等等。在Leonardo. Ai 之中，一些主要的風格已經預先設定為選項，例如 concept art、photography 等等，所以你也可以不寫本體構成詞，直接寫你想要的東西。

步驟二，開始繪製圖像：以 Leonardo.Ai 為例，繪製圖像時可以即時或經過一點點延遲，就看到圖像的變化。在繪製的過程中，可以選擇讓圖像工具「補充」多少，如果在 Leonardo.Ai 中，Creativity 數值開得越大，生成的圖像與原始的草稿之間差異就愈大，我的經驗是 0.6 的表現比較平衡，

大致上與草圖相符合，但又有一點點優化，所產出的圖像，可以被視為幾乎 100% 由你產出。如果低於 0.5，生成的比例太低，跟原圖沒有差異。超過 0.7，則又與原圖相差太遠。繪製圖像時，也可以輸入自己拍攝的手稿或者別人的圖檔。

步驟三，微調：圖像生成好之後，我們可以進入微調階段。以 Leonardo.Ai 為例，在圖像生成之後，可以將生成的圖像轉成草圖，並且在草圖上繼續細部修改，讓生成的圖像與自己的想法更接近。此外，我們也可以設定生成圖像與草圖要多接近。

步驟四，完稿：在 Leonardo.Ai 當中，最後的圖像還可以透過各種的優化選項，最後優化圖像品質，但這一個步驟未必需要，可以視情況選擇是否需要經過這個步驟。

現在我們利用生成圖像工具來「繪製」一隻可愛的小狗：

1. 我們寫下想要繪製的東西，附上簡單的風格。這時候如果你什麼都沒有畫，可以看到右邊就是生成圖像工具的提示生成圖片。這個提示為 a cute dog, flurry, kawaii, Japanese style, abstract，可以看到生成圖像工具有滿足我們的需求生成圖像。我因為想要卡通風格，所以在 Leonado.Ai 中選擇了 Anime 風格。

2. 現在開始在左邊手繪圖像，繪製的大概看得出來是一隻狗。我先將 Creativity Strength 設定為 0.4，生成圖像工具把我的線條變得平滑了，其餘沒有太多改變。如果這是你要的，你就可以維持在低的創意強度。

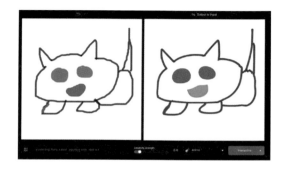

3. 當我們把創意強度調到 0.8 的時候，右邊生成的圖像頭、身體、尾巴的位置與我的手繪大致上差不多（真敢講），不過其他的差異就很大了。

在 Leonardo.Ai 當中，即時畫布還可以設定相似值（Guidance），數值越大，原圖的影響也越高。當我們設定為 1.5 時，右邊生成圖片的邊框是很柔和漂亮的，

但我們如果提高這個值到 4，生成圖像的外圍就會受到手繪圖更強烈的影響。

4. 現在我們將相似值設定為 1.5，創意強度調為 0.6，差不多在這個範圍內，我們可以得到一個與手稿意念相似，可是線條、細節都已經稍微美化過的版本。到這樣的程度，很多人會同意手稿與生成圖片間具有高度相關，生成圖片可以視為人類意識下的作品。

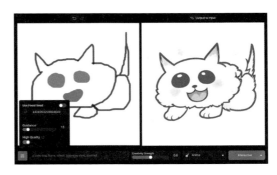

如果我們滿意生成的作品，可以用這張作品重新變成以圖生圖的素材，然後繼續在上面修正、加工。例如我就增加了頭毛的感覺，並且調整了腳的位置。

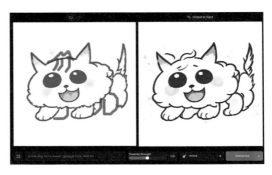

如果我們還想要別的型式，可以直接調整風格，就能生成截然不同的圖像，可是位置、顏色與原創手稿還算相近。例如我將圖片風格改成 Raytraced，就得到一個稍微具像的圖片。

這樣不斷生成圖片轉原圖，給使用者很大的創意發揮空間，只要有簡易的想法，繪製成手稿，就能不斷細微生成到自己喜歡的樣子。

我將剛剛的狗又轉成產品風格，馬上就獲得了玩具風格的圖片。但這隻狗還是源於我原本的手稿，只是中間經過 3 次的轉化。

　　以下提供幾個初次接觸者可以嘗試的範例：

建築物：
記得要描述清楚想要的建築風。

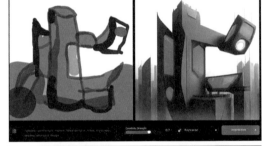

人物：
性別、風格、細節都要先描述好，也可以在繪製中隨時改變提示。

產品：
產品類型、風格、細節等等都要先描述好。

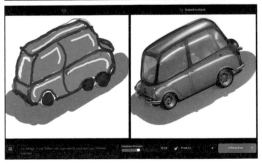

繪畫：
時代、藝術風格、細節、
場景等等都可以先提示，
效果會更好。

Logo：
通常要下 logo design,
minimalist 等等字眼，才
會畫出簡潔有力的線條。

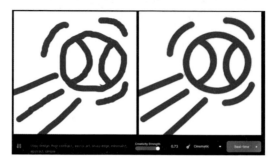

錯視：
即時畫布既然也是一種以
圖生圖，自然可以繪製錯
視圖。這張彩繪玻璃，我
手繪出台灣的台字，右邊
自然出現彩繪玻璃。這個
例子中，我的相似性有調
到最大。

分鏡：
生成圖像出來後，分鏡突然就變得很容易了。在即時圖像工具中，要維持同一個
人物從事不同行為的難度也降低了。只要維持原來姿勢不動，創意強度不要開太
高，這樣即便變動了一部份的姿勢或場景，主角也可以大致上維持相同。

ept art, rough brush, scumbling, RPG Painting, chiaroscuro, close-up front view portrait of a couple of warrior, Middle Ages, in Forest battle field, bokeh

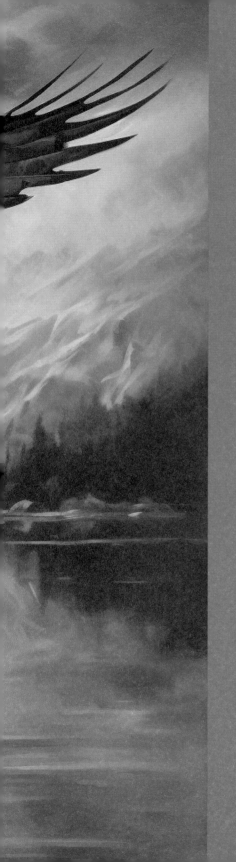

想像力練習

生成圖像工具不只能生產圖片，
更能拓展我們想像力的邊界。

7

生成圖像是一個協助想像力與創造力的好工具，可以讓我們快速驗證一個想法或者創意是否可行。

當然，我們也知道人類的創造力與想像力有無限的可能，生成圖像工具有許多限制，也無法取代人類，不能完全依賴生成圖像工具來協助想像力。但工具既然已經被發明出來，就可以利用這樣的工具，來協助我們加速或改善傳統的創造力與想像力歷程。

簡單來看，我們將三種創意與三種生成圖像
的主要功能結合起來，
可以對應出以下九種創意場景。

這九種用法的自我練習與教學在下一章，建議可以依照順序慢慢上手。

	文字	圖像	畫布
改善	看到文字提示後，再行修改文字提示，最容易學習。	看到一個圖像之後，利用文字提示的方法來修改這張圖。或者只使用圖作為風格的範本，由文字提示控制產出的圖像。	利用畫布中的擴圖與改圖功能，從圖片中延伸出新的圖像，或者修改圖像中的一部份另外生成，都屬於改善。
合併	在文字提示中，結合多個不同的概念，成為新的想法。	利用兩張或多張圖像合併成一張新的圖像。合併過程中，有些平台可以接受文字提示一起生成，有些可以純圖像合併。	將多個圖像放入畫布中，透過縫合等方式，將不同的概念彙整成一張圖片，這種方法與一般設計領域相差不大，但依然有部分為生成。
原創	直接在提示中寫出嶄新的概念或想法，通常會經過上述的階段才能達成。	有了想像之後，將想像分成多個步驟，一部份先成為風格的圖像，再與另一部份的文字提示結合，成為嶄新的創作。	透過上述，甚至結合左邊兩欄的方式，完成單一、獨特、複雜的創作。

	系譜軸		
	版畫	麵包	攝影
毗鄰軸	鼠	鼠版畫	鼠麵包	鼠攝影
牛	牛版畫	牛麵包	牛攝影
狗	狗版畫	狗麵包	狗攝影

我們在設計生成圖像的創意活動時，可以參考符號學的「系譜軸」（paradigm）與「毗鄰軸」（syntagm）的概念。

在圖像生成的練習中，系譜軸可以視為不同的本體詞或風格，例如版畫、木雕、攝影等等，這些東西是我們可以選擇的。

而毗鄰軸則是一個相關的組合，例如 12 生肖、一套家具、希臘神話人物等等，這些概念彼此之間相鄰、相關。

當我們設計好這套模式後，就能夠設計大量的基本練習，並且再發展出合併式創意與改善型創意練習。例如在 136 頁的趣味食物中，我們可以在上面的表格中，將麵包與狗組合成麵包狗，當然也可以發展成麵包牛、麵包兔等等。

組合成麵包狗之後，也能夠再轉型成改善型創意類型，例如不同類型的麵包風格、不同品種的狗，而第 137 頁也是在選定好積木後，產出不同的生物、器官模型。但第 140 頁的手錶練習，可以選定一種時間工具（手錶）後，呈現不同的風格與外觀。

透過這樣的邏輯，我們就能在系譜軸、毗鄰軸組合的概念框架內，透過合併式創意、改善式創意，得到不同的練習方式與作業。

文字提示

生成圖像工具目前主要依靠文字輸入，文字是使用者接觸最多的意念表達方式，也是最基本的圖像生成提示。在創意的過程中，我們可以透過文字達成改善式創意、合併式創意與原創式創意，通常文字改善是整個生成圖像學習中最簡單的一環。

文字改善

文字改善是生成圖像中，最容易學習的方式。要取得提示的方法有很多，例如從生成圖像工具的藝廊參考其他人的提示，或者利用 Describe 等類似的逆向方式（請參考 52 頁）取得圖像的提示，亦或者使用自己過去的提示。當我們看到提示之後，改動提示中的部分構成詞，或者刪除部分構成詞，加上新的構成詞，都可以改變原來的提示，並可能對產生的圖片有巨大影響。因為每個構成詞對於生成模型的影響力不同，所以文字改善可以大量測試，包含自己原本以為已經知道的詞。

在改善時，因為本體詞、認識詞與方法詞對於圖像的影響都不同，可以依照你對該提示中原本熟悉的構成詞來慢慢調整，並按照「本體詞、認識詞、方法詞」的順序開始。

文字合併

文字合併是合併式想像力的一種方法，在生成圖像工具中，這也是一種最方便的用法，讓許多不同概念合併，組成新的圖像。這樣的方法同時節省了資源，也提供新的靈感。在合併文字概念時，生成圖像工具會根據自己對於不同構成詞的理解，組合成新的樣式，這樣的組合有可能跟原本想像類似，但也有很大的機會出現令人驚喜或驚訝的成果。下一頁會詳細說明「合併」的方式，並請參考 133 頁的練習。

文字原創

文字原創指的是創作者有一幅完整的想像，從無到有自己將提示完成，並透過全生成或加上半生成的方式完成作品。對於生成圖像工具稍微熟練之後，就可以用這種方法，以文字完整描述自己的想法，再透過生成工具逐步完成作品，或在這過程中挑選自己喜歡的圖像。

這個過程有點類似文字創作，只是這個創作連結了對視覺的想像或指引，也請參考前面的文字與圖像二元性（32 頁）介紹。

什麼是合併

　　視覺的合併其實很複雜，例如一台機車與一根香蕉，合併時有可能是黃色的機車、或者香蕉肉組成的機車模型、或者香蕉騎機車等等。

　　我們以下拿兩組提示，來示範不同的文字合併法。這樣的合併方式並非唯一的途徑，但可以作為合併時的參考。

提示一	提示二
油畫風格 oil painting	水彩風格 watercolor illustration
小船在湖泊上 a small boat on the lake	老鷹飛越山岳 an eagle over the mountain
大地色調 earthy tone	暖色系 cool colors

圖一：提示一
oil painting, a small boat on the lake, earthy tone
圖一：提示二
watercolor illustration, an eagle over the mountain, cool colors

1 | 2

完全合併

完全合併是將兩組不同的關鍵字全部結合在一起，如果構成詞較少，為兩種截然不同的概念組合，在生成圖像工具中，結果比較好預料，可以當成一種獨立的技巧，例如香蕉＋汽車，兩者合併時，我們可以預期會產生一輛黃色的、香蕉造型、有四個輪胎的交通工具。

但如果是一個比較長的提示，這樣的方式在生成圖像工具中，結果通常難以預估，因為構成詞的數量很龐大，生成圖像工具不一定能夠完全呈現當中的概念，例如：

oil painting, a small boat on the lake, earthy tone, watercolor illustration, an eagle over the mountain, cool colors

我們很難預料生成圖像工具會如何擷取當中的構成詞來生成圖像，所以生成出的圖像可能會達到後面提到幾種不同的合併結果。

構成重組

第二種合併的方式，會將兩個提示中對等的概念抽出後，重組成新的提示，例如

oil painting, a small boat on the lake, earthy tone

watercolor illustration, an eagle over the mountain, cool colors

這兩句中，都是「畫風」＋「主體」＋「場景」＋「色調」的組合，這樣我們可以隨機組成成：

oil painting, an eagle over the lake, cool colors，或者

watercolor illustration, a small boat (flying) over the mountain, earthy tone

雖然只有兩個句子，就可以有 16 種組合，如果要大量組合這樣的構成詞，請參考前面 94 頁提到的 Permutation 說明。

隨機構成

第三種合併的方式則是將兩個提示中的概念抽出後,再隨機組成,數量不定,所以當我們看到

oil painting, a small boat on the lake, earthy tone

watercolor illustration, an eagle over the mountain, cool colors

這兩個句子的時候,不一定還要依照「畫風」+「主體」+「場景」+「色調」的組合來形成新的提示,而是將其中八個構成詞隨意打散後,形成新的概念,例如

oil painting, a small boat, an eagle 或者 watercolor illustration, lake,

eagle, mountain, cool colors 或 oil watercolor painting, lake

透過這種方式,我們可以獲得更多想像力的靈感。

圖一:將兩個圖像的提示完全合併,結果並不一定好預測,例如 oil painting, a small boat on the lake, earthy tone, watercolor illustration, an eagle over the mountain, warm colors

圖二:將圖像的元素混合後平均抽取,可以得到這樣的提示 watercolor illustration, a small boat (flying) over the mountain, earthy tone,風格不會太多,生成圖像工具不會混淆。

圖三:同樣的平均抽取,也可以獲得這樣的圖樣 oil painting, an eagle over the lake, cool colors

圖四:也可以將概念打碎後,重新隨機組合,例如 oil painting, a small boat, an eagle

圖像提示

　　生成圖像工具也可以使用圖像作為提示的方式（image prompt），台灣有人稱為墊圖，對生成工具而言，圖像提示的用法與文字生圖的差異很大。

在圖像提示中，我們也可以用改善、
合併與原創三種創意來練習，
提升我們的視覺想像力。

圖像改善

圖像改善是一種改善型創意，但結合了圖像與文字，也就是我們以一張或多張圖為基礎，然後透過文字提示來改善。但不是每一個生成圖像工具都支援。

在 Midjourney 中，有一種功能叫做圖片提示（image prompt），使用者輸入一張圖片後，能以這張圖片為底圖，然後繼續外加文字，透過文字提示來改變原來的圖像。Playground 與 Leonardo 等也支援這樣的功能。這種圖像改善常用於名人的變形，例如像某藝人的公仔、水彩，或者自畫像，當然也可以輸入自己繪製的圖片後，將自己的圖片當成素材或草稿，然後由生成圖像工具加工生成。

圖像合併

圖像合併是一種特別的圖像生成方法，我們可以利用兩張或多張圖片，要求生成圖像工具辨識這些圖像的視覺特性後，重新組成一張圖像。目前圖像合併功能最強大的為 Midjourney。圖像合併最大的優點是可以立即將我們已經視覺上確認過的圖像合併成一張，雖然生圖工具會幫我們決定什麼構成物件要合併，但根據經驗，效果都很好。例如蘋果的圖像與房子的圖像合併，就能獲得一個蘋果屋。

圖像合併除了可以產生創意，還可以穩定風格。使用生成工具一段時間後，經常有人會抱怨，如果他想在同一個風格當中，產出不同的物品，很難維持這些物品或主題的風格。例如十二生肖（見 155 頁），雖然可以用文字的方法描述相同的風格加上不同的生肖，可是很難真的在十二個生肖中都維持穩定，通常每個生肖都會有不小的差異。

利用圖像合併，我們可以將風格與主題分開產生，然後再合併，如此可以確保風格來自於同一張圖。雖然產出的系列圖像依舊會有些許差異，但會比純文字提示要來得穩定。

圖像原創

在生成圖像工具中，若使用圖像作為一種提示，通常就已經屬於合併型的創作或者改善型的創作，但如果我們從一開始就有意識地描繪我們的想法，並且把我們提示中的一部份，先轉換成圖片再當成圖片提示使用，那麼這就是完全的原創。這樣的原創就需要對生成圖像工具有更深入的了解，知道可能的功能之後，才可以展開。

畫布

畫布是生成圖像領域最新的發展方向，讓使用者不再被「要麼接受、要麼丟掉」的全生成概念所限制，一點轉圜空間都沒有。而且透過提示控制構圖的能力太弱了，假如你要用生圖工具來直接產出圖片並用於其他地方，畫布可以大幅提昇生成圖像工具的實用性。

畫布一般而言有 In-Paint 與 Out-Paint 兩種功能，我們可以透過這些功能來提升我們的創造力及想像力。

改善

不論我們是局部修改一張圖片內部的元素，或者使用擴畫功能往外長出新的圖像，都屬於改善。對於非設計師而言，圖像改善的功能一點都不比原創簡單，可是現在卻變得很容易，只要你有改善的意圖、想法，都可以做得八分像，並且在大量使用這個功能的過程中，不斷強化你這部份的想像能力。

合併

前述的文字合併、圖像合併，都是概念的合併，但在畫布中，合併是在一個平面空間內的合併。生成圖像工具可以讓你將兩張圖甚至多張圖合併在一起，不管兩張圖片的風格、意境、主題是否相同，現在生成圖像工具都能將兩張圖中間的區域合理填滿，彷彿是一張作品一樣。只要你有想像力、你有辦法解釋，我們就可以讓非常不同、異常的場景發生在同一個畫面當中。

原創

畫布功能可以容納更複雜的原創型創意，只要你有一個新的想法，到此你可以結合之前所有的技巧，並最終在一個畫布中改善、合併，成為一幅全新的作品。我認識許多設計師都是用這種概念在使用生成工具，他們對圖像已經有了明確的想法，但是會依照自己的需求不斷生成畫面中的底圖、物件，最終才合併到一起。

自我練習與教學

瞭解圖像生成的工具和技巧之後，最重
要的還是熟能生巧，在這章的練習試試
身手吧。

8

　　以下的自我練習與教學活動邏輯都以 PISA 的三大想像力測驗類型為基礎，並且配合生成圖像工具的不同功能來規劃。

自學者建議可以循序漸進練習。
全部完成之後，雖然不能成為設計師，
但在日常需要圖像的領域，
應該大部分都可以解決。

　　教師可以從以下的表格中，找到適合的練習，依照學生的程度、情況來操作。

	改善	合併	原創
文字提示	在原有的文字提示上改善 練習 1：基本改善	將不同的文字提示合併 練習 2：基本組合	練習 6：手錶設計師 練習 8：詩詞與意境
圖像提示	在圖像提示中，以文字提示改善 練習 13：十二生肖	將兩張圖片合併成新的圖片 練習 14：新藝術品	練習 16：繪本 練習 17：比賽視覺設計
畫布	將原有圖像利用畫布功能再次生成 練習 19：室內設計 練習 20：無限窗景	將不同的圖像在同一個平面上組成合併 練習 21：穿越時空愛上你	練習 22：活動設計

練習 1：基本改善

　　這個練習有兩個部分，可以當成初學者使用生成圖像時的第一個練習。如果學生還不會英文，可以改成中文後，在 Bing Create 上執行。

基本練習：

以下這個練習包含十個提示，這些提示全部都依照「本體詞」、「認識詞」、「方法詞」的結構寫成，所以每一個提示都有三個部分。如果有時間，可以每一個都試試看，或者挑選幾個來練習，感受一下提示與結果的關係。這個練習在所有平台上，效果都很好。

cartoon sticker, a panda, simple form

impressionism, landscape, whimsical

fashion photography, a lady, back lighting

abstract art, a cat, bold colors

pop art, food, explosive effect

cubism, a forest, leading line

street photography, a dog, cool colors

watercolor, cityscape, ethereal

paper cut, a witch, minimalism

infographic, bubble tea, maximalism

置換練習：

這個練習的第二個部分，是自由置換練習。以下表格來自於上面的提示，這個表格中的每一個部分，都是可以自由置換的，也就是可以從本體、認識、方法這三個詞中任意挑選一個組合成一個新的提示；或者將每一個提示只變更一個部分，或甚至嘗試在同一個提示中，加入兩個本體詞、兩個認識詞或兩個方法詞，例如：

impressionism, landscape, whimsical

可以替換成

pop art, landscape, whimsical

impressionism, a forest, whimsical

impressionism, landscape, **maximalism**

都能產出不一樣的圖片。

請你現在挑選一列，並且在本體風格、認識主題、技巧方法這三個地方都從表格中找另一個構成詞來替換，體驗一下不同詞改變後的影響如何。

本體詞	認識詞	方法詞
impressionism	landscape	whimsical
cartoon sticker	a panda	simple form
fashion photography	a lady	back lighting
abstract art	a cat	bold colors
pop art	food	explosive effect
cubism	a forest	leading line
street photography	a dog	cool colors
watercolor	cityscape	ethereal
paper cut	a witch	minimalism
infographic	bubble tea	maximalism

1	2
3	4

圖一：
impressionism, landscape, whimsical
圖二：
pop art, landscape, whimsical
圖三：
impressionism, a forest, whimsical
圖四：
impressionism, landscape, maximalism

練習 2：基本組合

　　生成圖像工具已經學習了很多圖像，其中也包含不同概念與概念組合的方式，非常適合來檢驗、測試自己的想法一旦落實了會長什麼樣，並且提供物件組合的不同靈感。

以下是很容易成功的一些組合方向，你可以先嘗試看看，然後再自己想到更多的組合物。

A 組	B 組
角色	角色
家具	家具
動物	動物
植物	植物
食物	食物
玩具	玩具
交通工具	交通工具
家用機器	家用機器
名畫	名畫

以下有幾個簡單的練習，都很容易成功，也可以試探圖像生成工具的能力，作為自己是否繼續鑽研這個工具，或者在這個工具使用這種情境的試探。

博物館商店企劃練習

你是博物館商品部的實習生，需要以名畫來設計新商品，商品是什麼都可以，也不用擔心授權問題。請先嘗試下面的組合，等體會出感覺後，可以自己用其他的作品、其他的商品來組合，也可以參考下一個練習的商品。

名畫（舉例）	商品（舉例）
Great Wave of Kanagawa	mug
Starry Night	pen
Mona Lisa	dish
Caf Terrace at Night	coaster
The Scream	snow globe
The Birth of Venus	resin sculpture

動漫 IP 企劃練習

你服務於全世界最大的動漫 IP 公司，今天你想要生產一款新的商品，與速食業合作，不用擔心授權問題。請先嘗試下面的組合，然後再試試看用其他的角色、商品來組合。因為生成模型學習的方向以西方文化為主，所以歐美的角色，或者在歐美有影響力的日本角色，會比較容易成功。如果你是使用 Midjourney，建議可以嘗試加上混亂係數 Chaos，假如你發現一直跑不出來你覺得好的組合，可以嘗試看看將 Chaos 設為 –C5 或者 –C10，會得到完全不同的結果。

動漫角色	商品（舉例）
動畫角色	lego figure
電玩角色	action figure
電影角色	stuffed toy
	backpack
	wristwatch

瘋狂實驗室練習

你是一位野心勃勃想要統治全世界的科學家，你的研究室專門生產各種奇怪的電器，這些電器都與動植物結合，長相怪異。你可以先依照下面的建議合併看看，之後再加上自己的想法。

動、植物	電器
dog	coffee machine
crab	wash machine
banana	blender
palm tree	air fryer
apple	handheld vacuum

圖一：wash machine, Great Wave Kanagawa
圖二：product photography, snow globe, The Scream, museum shop
圖三：product photography, a mug in the shape of crab
圖四：product photography, handheld vacuum as dragon

1	2
3	4

練習 3：趣味食物

用我們既有、熟悉的概念來互相組合，是生成圖像工具最好玩的地方，也最容易受其他人讚賞。在合併型創意中，食物是一個很好的起點，因為概念普遍，而且語彙簡單，很容易天馬行空。

我們可以從以下兩點來嘗試：

1. 一種熟悉且生成圖像表現好的食物，長得像某個東西

2. 一種我們熟悉的物品，長得像某種食物

1	2
3	4

圖一：一個狗形狀的麵包
圖二：加上巧克力
圖三：法式麵包
圖四：日式麵包

以下是幾個狗 + 麵包的範例：

練習 4：生物模型

模型商品

　　生成圖像工具很適合創造幻想中的商品，我曾經創作一款牙齒的樂高模型圖像，結果被轉到牙醫社團。這樣的作品需要高的提示理解能力，不是每一個生成圖像工具都做得來，以下是幾個範例：

1	2
3	4

圖一：耳內構造模型　　圖二：牙齒模型
圖三：胃構造模型　　圖四：膝蓋構造模型玩具

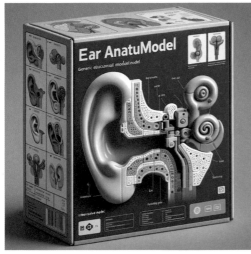

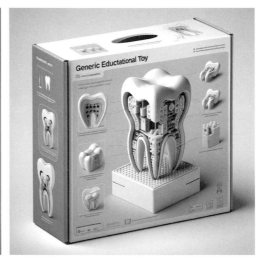

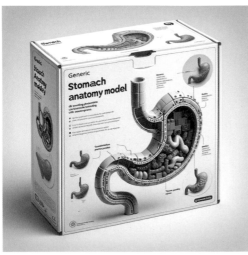

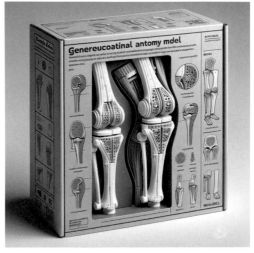

生物模型展

　　與模型類似，我們也可以產出各種大型模型，只要更改出現的博物館類型，我們就能做出很多不同的展覽品，以下大型展覽物件在生物上必然有錯，目的不在於取代真實的展覽，而是提供創意設計構想：

圖一：互動膝關節展
圖二：骨盆展
圖三：腎臟展

1	2
3	

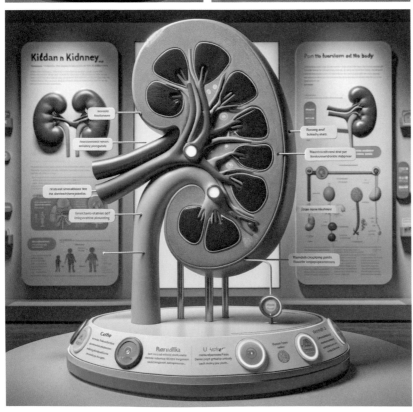

練習 5：示意圖與插圖

　　許多文章、報導，都需要概念的視覺輔助，生成圖像工具也很適合產生這樣的圖片，並且可以依照需求，產出不同風格的圖片。

　　在繪製示意圖的時候，我們需要決定的元素不多，通常只需要給生成圖像工具主題、風格即可，因為示意圖不需要讓物件看起來特別逼真，所以常會使用這些字：

Pattern、Abstract、Stylized、Creative、Traditional、Artistic

　　透過這些提示，我們可以產出比較抽象、高品質的圖像，這些圖像很適合用於大部分需要示意圖與插圖的情境。

　　生成圖像工具通常也瞭解不同媒體、版面的差異，所以增加媒體類型也是一個產生高品質示意圖的好方法，例如女性雜誌、文化版、兒童雜誌等等，可以直接看到明顯的變化。

　　一般而言提示出現兒童媒體，畫面都會更為亮麗、多彩。藝術或文化版面的圖片則更為細膩，抽象。女性版面的插圖會更為秀麗、典雅。當然，這些都帶有某一種的偏見與偏好，女性版面的插圖可以亮麗多彩，兒童媒體的示意圖也可以抽象、典雅，我們使用生成圖像工具是利用其既定的偏見，至於我們使用時是否要沿襲、放大這樣的偏見，則是使用者自己的決定。

| 1 | 2 | 3 | 4 |

圖一：原始的提示結果
圖二：兒童版面
圖三：女性雜誌版面
圖四：藝術風格版面

　　以下示範「抽象的雨滴」，是要給與下雨有關的版面使用的示意圖：

練習 6：手錶設計師

文字提示 X 原創

學習生成圖像的時候，先不要急著從無到有、完全自己寫出提示。根據我的教學經驗，大部分的人在剛開始使用圖像時，因為並不習慣寫提示，經常缺乏想法，所以建議按部就班從改善、組合的方式練習起，然後才進入原創的練習。

這個練習我們先嘗試手錶。手錶是一種很特別的工具，因為人人手上戴手錶的時間非常短。早年手錶非常昂貴，一直到大量工業生產乃至石英錶出現後，才開始真正普及，成為一種「現代人」的象徵，因為戴手錶的意思是知道此時的時間，可以更有效掌握時間。

但人人攜帶手機後，手錶顯示時間的功能就被取代了，加上手機可以網路對時，還更準，因此手錶很快就成為一種裝飾為主的用品，也越來越多手錶根本沒有錶盤。

設計一款手錶，我們要知道手錶設計的主要風格，還有構成。在這個練習中，我們可以體驗到兩種不同的提示寫法，並利用不同的方法來設計一款手錶，藉此掌握生成圖像對於物品的產生方式。

在本體詞上，我們可以先下 product photography, wristwatch design 等等，之後再進入下列兩種描述方式。

細節描述

傳統的手錶上具有非常多的元素，我們下提示的時候，可以個別描述每一個元素，但通常生成圖像無法精準地呈現我們所描述的每一個元素。

這些元素包含：

手錶	wristwatch	陀飛輪	tourbillon
錶殼	watch case	指針	hands
錶面	dial	時標示	hour markers

通常越細的元素，生成圖像就越難如我們所願。

風格描述

在生成圖像中，針對整體風格的描述也是一種產生物品的方法，例如我們可以用以下的方式來描述一款手錶

常見風格	clean、sleek、unconventional、innovative
整體描述	time display、time presentation、horology、time-telling、decoration
技術	haute horlogerie（手工錶）

我們可以單獨使用一種方式來描述手錶，例如採取細節描述：

wristwatch design, golden watch case, red dial

或者使用風格描述：

wristwatch, sleek aesthetics, distinctive time presentation

當然也可以結合兩者：

wristwatch design, golden watch case, innovative horology,
dial depicting ukiyo-e landscape

請先嘗試使用以上的方式產出一款手錶後，再從無到有，自行想像一款手錶，並用圖像生成工具完成。

手錶設計是一個類似主題設計的範例。除非我們是愛好者、在業界，否則大部分的人對於專業術語都不懂，這時候推薦使用 ChatGPT 或者其他的 LLM 工具，來詢問如何描述某一樣東西、某一樣東西有什麼元素、有什麼類型，如此可以快速得到該領域的字彙。

1	2	3	4

圖一：
wristwatch design, golden watch case, red dial

圖二：
wristwatch, sleek aesthetics, distinctive time presentation

圖三：
wristwatch design, silver watch case, haute horlogerie, dial depicting ukiyo-e landscape

圖四：
commercial photography, unconventional case shape, wristwatch, modern tourbillon, cool colors

練習 7：漫畫與分鏡圖

　　當生成圖像工具對於提示的解讀能力越來越好，創作漫畫與分鏡就變得容易了。分鏡（Storyboard）是一種特定的圖像型式，通常用於電影、廣告創作上，成為一種溝通的工具，讓演員、導演、幕後團隊不用只依賴文字劇本來想像劇情。

在產品設計、使用者研究等行業中，
分鏡也十分有用，可以用視覺的方式，
呈現使用者的歷程（User Journey），
例如在使用某項產品的時候，
有哪些需求、遇到哪些挫折等等。

　　使用生成圖像工具產出分鏡的時候，有幾點可以留意：

指定分鏡的格數：

生成圖像模型不適合產出複雜的大型分鏡，大概維持 3 到 6 格就不錯了，預先指定格子的數量，會讓生成圖像工具更好掌握要產生的內容。請注意生成圖像工具在不同的長寬比例下，對於格子的認定也可能會不同，所以設定格數之前也設定好比例。

自動生成內容：

如果我們對於分鏡內容沒有想法，或者根本不知道分鏡應該如何畫，可以在生成圖像工具中描述一個概念，例如網路購物、使用交友軟體、查詢餐廳等等。

指定內容：

在 DALL・E 3 這種能精準理解提示的工具中，或者利用 ChatGPT 等，我們可以對每一格精準描述內容。但由於生成工具對於提示的總長度有限制，所以建議在每一格當中，只描述少量的內容，不要過於精準描述每一格當中的場景。

以下的提示是我先寫一個簡單的版本後，再由 ChatGPT 改寫。可以看到對於主角的細節描述只出現在第一格，其餘的只要說明是同一人即可。

Create a four-panel instruction storyboard in a colorful comic style. Panel 1: A Japanese girl with black hair styled in a bob cut, wearing a traditional kimono, is shown entering a store with excitement. The store has a welcoming sign in Japanese characters. Panel 2: The same girl, now inside the store, is browsing items and using her mobile phone, possibly checking a shopping list or a product review. Panel 3: She takes a picture with her mobile phone; the phone's screen shows a beautiful vase inside the store. Panel 4: She is at the checkout counter, handing over a credit card to a cashier of South Asian descent. The cashier is smiling, processing the payment on a modern credit card machine.

依照上述的寫法，可以使用在不同的分鏡撰寫上面，速度非常快，而且品質很好。並且可以透過變更風格而改變使用情境。

圖一：上述提示的成果

圖二：使用交友
軟體的 Storyboard
圖三：找餐廳的
Storyboard

2
———
3

對話框

隨著生成工具對文字描述的理解越來越好,我們也可以大量產出具有層級關係的圖像,例如對話框圖片。

以下示範兩個 DALL‧E 可以接受的對話框寫法:

Between them is a connected conversation bubble, and inside the bubble is a stylized, cute depiction of a handsome boy with a charming smile and stylish hair.

Above his head is a thinking bubble, within which the word "LOVE" is written in big, bold, and romantic script letters, perhaps with a heart replacing the letter 'O'.

練習 8：詩詞與意境

我在許多學校都聽過老師詢問是否可以將生成圖像工具運用於文學相關課程中，也有老師已經發展教案或者開始教學，讓同學練習將文學作品視覺化，特別是中、英文的詩詞。可是這個練習並不如表面上如此簡單，因為詩詞並不一定容易具像化。

生成圖像雖然會讓沒有繪畫基礎的人瞬間擁有「我好像會畫畫了」的錯覺，但真的要將文學、詩詞作品視覺化之後，才發現沒有這麼簡單，因為文學中的文字直接拿去當生成圖像的提示，效果不一定真的很好。我自己當過幾次生成圖像比賽的評審，發現很多人真的會把比賽要求的文字直接當成提示，缺乏視覺上與意境上的轉譯。

當我們要將詩詞視覺化的時候，需要理解文字的能力，也需要視覺想像力，並且還需要重新再描述的能力，並不是把詩詞丟入生成圖像工具的提示這麼簡單。

以下是幾個簡單的建議，並且以台灣人可能最熟悉的《The Road Not Taken》（林中路）來解釋：

步驟	說明	範例
仔細閱讀文字	在第一個階段，應該詳細了解作品，看看作者用了哪些詞彙、描述了什麼圖像、情緒與心境	這段非常有名的詩，描述了一個旅人站在黃色樹林的分岔路口，長時間凝視其中一條路，直到它在灌木叢中彎曲消失
確認內容主題	在這個階段，我們可以試圖理解作者想要傳達什麼訊息？	主題表面上是選擇，但每個人的感受也可能不同。例如機運、勇氣、捨棄等等
識別關鍵意象	接下來，我們可以想看看，作者希望我們在作品中有哪些感官上的反應，我們能在作品中看到、聽到、感受到什麼？作者用哪些方法來描述？	詩句中的關鍵意象包括黃色的樹林（可能是秋天）、分岔的路、旅人的凝視，以及其中一條路在灌木叢中的彎曲。我們可能還會聽到秋葉落下的聲音，感受到一點涼意
展現個人情感	你在作品中感受到什麼樣的情緒？憂鬱？開心？希望？這個情感可以延伸到之後的想像	成熟的讀者，看完這段文字一定會浮現很多過去的回憶，可能懊惱、可能慶幸、可能懷疑。但如果純粹站在現場，或許更多的是焦慮、猶豫或好奇
重新建構場景	請結合上面的感受，在腦中建構場景。這時候文學本身只能提供一部份的協助，其他場景、光影、細節、角色，大多需要我們重新在腦中建構。到這個過程，我們就進入了生成圖像的第一步	這個場景我可能會這樣描述： 一個秋天的場景，在森林中，有兩條路，空氣是寧靜的，我有點緊張，有點懷疑，地上都是落葉

最後我可能會生成這樣的提示：

---

two roads diverged in a yellow wood, oil painting, a scene in autumn, the air is tranquil, and i feel a bit tense, somewhat doubtful, with fallen leaves all over the ground

---

我以這首詩的其他兩段生成提示，其中一段具象、一段抽象：

---

man at forest crossroads, two distinct paths, choice of less traveled road, mood-reflecting, life-changing decision

surrealism, decision, uncertainty, reflection on choices

我們再以例如王之渙的《登鸛雀樓》示範詩句與提示的關係（以下有 ChatGPT 協助）：

詩句	提示
白日依山盡、黃河入海流	The sun slowly sinks to the other side of the mountain, painting the sky with shades of golden yellow, while the turbulent waters of the yellow river rush into the sea. These two images together form a philosophical picture, symbolizing the flow of time and lifethe sun slowly sinks to the other side of the mountain, painting the sky with shades of golden yellow, while the turbulent waters of the yellow river rush into the sea. These two images together form a philosophical picture, symbolizing the flow of time and life.
欲窮千里目、更上一層樓	A person stands on one level of a building, gazing into the distance, but he is not satisfied, wanting to see even further. Therefore, he decides to ascend one more floor. This scene not only reveals humanity's thirst for knowledge and broader vision but also symbolizes an unquenchable desire, the eternal pursuit of higher goals.

圖一：man at forest crossroads, two distinct paths, choice of less traveled road, mood-reflecting, life-changing decision

圖二：surrealism, decision, uncertainty, reflection on choices

圖三：The sun slowly sinks to the other side of the mountain, painting the sky with shades of golden yellow, while the turbulent waters of the yellow river rush into the sea. These two images together form a philosophical picture, symbolizing the flow of time and life.

圖四：A person stands on one level of a building, gazing into the distance, but he is not satisfied, wanting to see even further. Therefore, he decides to ascend one more floor. This scene not only reveals humanity's thirst for knowledge and broader vision but also symbolizes an unquenchable desire, the eternal pursuit of higher goals.

練習 9：虛擬展覽

　　各種空間的規劃、設計、想像,也很適合當成練習主題,這之中包含了室內設計、展覽規劃、舞台設計、秀場等等。

　　由於這種空間通常都有很複雜的概念,很適合當成進階的練習。以展覽為例,我們可以結合下列概念:

展覽主題與內容:

例如足球、二戰、地球、動物等等

視覺化重點:

時間軸、地球形成階段、老虎棲息地圖等等

場景與環境:

例如高科技環境、大廳、昏暗空間、海報等等

氛圍與教育目標:

教育性、吸引人、提升意識、現代

互動與教育功能:

例如虛擬場景、展示櫃、模型、螢幕

觀眾參與:

兒童、成人、一般人、學生

　　老師在一門課程之後,可以請同學針對主題內容產生類似的圖片,會讓學生思考展場中需要什麼東西,可以對應到 Bloom 教學分類中的多個層次。

　　相同的概念,我們還可以請學生產生舞台、秀場等等。

圖一：恐龍教育展
圖二：虛擬影像的足球展
圖三：條頓堡森林戰役展覽
圖四：低成本的地球起源展

練習 10：文化比較

　　筆者任教的學校有大量的外籍生，也有很多國際英語碩士班，所以我在英語專班授課時，實施過這個練習，十分有趣。同樣的練習也可以轉成國內版，請參考下一個練習。

　　這個練習本身對提示的要求不高，也不需要太多創意，而是將圖像生成工具當成一種文化比較的媒材。很多跨文化場域常要求外國學生製作母國食物，有點強人所難，但生成圖像就容易多了。這個練習要生成 4 張圖片，這 4 張圖片分別是：

當地最有名的食物

當地人的飲食場景

當地最有名食物的資訊圖表

設計一款封面介紹

　　這個活動很適合用於有不同國籍或文化學生的班級上，幾乎不需要學習，只要在生成工具中輸入當地的食物、飲食場景、並且將其轉換成資訊圖表與封面即可，學生可以透過這四張生成圖像呈現出特定文化的細節。

　　第一個作業產生的圖像是食物，除非文化相近的學生，否則很難看出細節。由於每一個生成圖像模型之間的差異很大，即便同樣的提示，根據學生使用的平台不同，也會有差異。可以讓同學說明這個差異，藉此解釋自己國家的文化，並檢視生成圖像的文化細節偏誤。在這個作業中，我的德國學生說，他繪製的土耳其 Döner Kebab（土耳其旋轉烤肉，台灣又稱沙威瑪）與德國人吃的不一樣。若你上 Google 圖片搜尋 Döner Kebab，會發現什麼樣的都有，但每個地區、國家都不同。

　　第二個作業可以呈現街景、人與人之間的關係，這是當地社會與文化習慣的展現，同學可以從中說明自己文化的特點、家庭關係、飲食文化習慣等等。

第三個作業的資訊圖表是同學不一定都熟悉的呈現方式，生成圖像通常可以呈現更細膩的訊息結構，即便當地人也不一定能夠察覺這個結構。我的巴拉圭學生說，資訊圖表繪製出來的烤牛肋排，比他能夠自己想到的更好。

第四個作業是這整個作業的創意表現，不用真實，而是可以盡量用視覺的方式來轉譯自己的文化。

我自己做了幾輪這個作業，這一輪我的結果是這樣：

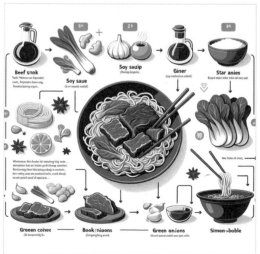

練習 11：風景意象

風景畫一直是人類藝術創作中的一種型態，其中有當場製作的「寫生」，以及事後回想的描寫，甚至來自於想像。有些風景主題有名到即便畫家從來沒有去過，也能繪製出來。例如東亞文化圈以前很流行「瀟湘八景」這個主題，是湖南瀟江流域的八個景點，這八個景點分散在整個湖南境內，即便湖南人也不一定有機會全部造訪，但早年許多日本、韓國的水墨畫家，都繪製過自己從來沒去過的瀟湘八景。

我服務的學校附近為北台灣的茶鄉，有石碇、深坑、新店等產區，所以我曾在學校的作業中要求學生繪製這幾個地方的印象。有些學生就在這個區域長大，有些去過，有些就只能靠網路的資料與圖片來建構印象。

這個練習與「詩詞作業」（146 頁）一樣，學生需要轉譯的能力，而無法直接輸入地點名稱。

首先，我們需要透過各種方式（個人經驗、他人轉述、想像、文字資料、視覺資料）來產生我們對這些場所的理解，並將這些理解轉換成視覺的訊息，這個過程中可能部分基於現實（深坑有臭豆腐、石碇有茶園），但也部分基於想像（未來的景象、不同人物、過去的歷史）。在這個過程中，又再度出現了圖像生成與傳統藝術創作中非常不同的環節，也就是需要大量撰寫文字或者以文字方式來思考。例如：

> 我想到深坑就會想到臭豆腐與老街，深坑的老街具有大量的磚造房屋與大樹，我希望能夠接待外國同學去深坑吃臭豆腐，讓他們感覺到台灣的古早味與傳統。

當我們確認好我們的訊息後，就可以利用本書提到的各種方式轉成提示，例如提示中會提到：

An old street scene in Taiwan, three young people of different descents, seated on chairs around a traditional wooden table under a large tree. On the table, there's a large, mountainous pile of Taiwanese stinky tofu, next to a Chinese teapot. The background shows brick houses and big trees, enhancing the historical Taiwanese charm.

1	2
	3

圖一：帶外國人吃深坑臭豆腐
圖二：貓在平溪看天燈
圖三：有小精靈的茶園

練習 12：產生主題地圖

　　每個生成圖像工具對於地理外框的理解能力都不同，但隨著生成圖像工具的進步，能夠理解的地理外框也越來越多。我們可以開始繪製主題風格的示意地圖，只要指定國家或區域，然後提供風格、元素、藝術技巧，就能創造非常好看的地圖。

1

———

2

圖一(台灣主題地圖)：裡面有歐洲、亞洲風格混合。這種地圖如果不是在邊界爭議很大的地方，可以不要求百分之百精準的邊界，只要外型大致上準，就能產生很多創意的地圖。

圖二(美國主題地圖)：一看就知道是牛排。結合當地的物產進入地圖，是一種常見的資訊視覺化方式，現在用生成圖像工具很容易達成。

練習 13：十二生肖

生成圖像的特點是每一次都隨機產生圖案。如果我們的目的是追求每一次都完全不一樣的圖像產出，這樣的功能很棒，但如果我們想要製作有連貫性的創作時，這樣的隨機性就不是人人喜歡了。

許多人使用生成圖像一段時間後，就會想要維持某一種風格，再以這個風格為基礎創造新的圖樣，例如製作繪本、創作系列作品等等。

在 Midjourney 剛出來的時候，
如何維持固定風格，
也是最常被詢問的問題。

因為台灣人對於十二生肖大多非常熟悉（也可以替換成十二星座），所以十二生肖幾乎是穩定風格最好的練習之一。我們可以透過以下三種方式，來練習如何在同樣的風格、樣式（也就是本體）不變的情況下，改變主題。

在這個練習中，我們可以同時嘗試用以下三種方法完成。如果時間不夠，不用真的完成十二生肖，但可以每一種方法都嘗試兩到四款，選擇自己比較不害怕的動物試看看。

文字組合法

第一種方法最直覺，由以下兩種文字組合：

(A)「風格與細節」＋ (B)「動物與型態」，例如 (A) cyberpunk style, chinese, robotic (B) mouse、tiger 等等。當我們風格與細節描述越精細，每一張圖的差異就會越小。同樣的，(B) 的動物如果就只簡單寫個 mouse、tiger，保證張張都有極大的隨機變化，畢竟動物可站可趴，所以也需要一點描述來穩定型態。這時候我會建議用 anthropomorphic 這個字來描述擬人化的動物。在這三個作法中，這一種的不穩定性最高。

155

圖片組合法

雖然在生成圖像工具中，可以用種子（seed）來維持出圖風格，但並不好用。最好的方法是利用一張圖片作為參考的圖樣，讓生成圖像工具依照這個圖片的風格、配色、內容，來產生新的圖片。因為在 Midjourney 中，這樣的功能被稱為圖片提示（Image Prompt），我們就延續這個稱呼。這樣的功能在 Leonardo、Playground 等工具中也可以使用。

這種方法看似比較麻煩，但通常效果較好。我們需要先決定好我們的風格與細節，也就是前一頁的 (A)，然後產出風格與細節的圖片。因為我們只需要風格與細節，所以可以使用 pattern 當我們的主角，例如 (A) pattern, cyberpunk style, chinese, robotic，這樣就不會出現其他物品。但你也可以生成一位美女、一個機甲、一頭怪獸，然後當成主要風格。

同時我們要另外產出十二生肖的動物圖片 (B)，這時的圖片最好能維持風格統一，例如都穿一樣的衣服，一樣的構圖（close-up portrait 等等）。

當我們產出十二生肖，可以再與選擇好的風格合併，使用 Midjourney 的 Blend 可以達到很好的效果。這個方法相當於把前一頁方法的 (A) 與 (B) 兩個部分都獨立生圖，但因為 (A) 已經是圖片，比文字穩定，所以每一張圖片的差異可能會縮小。

圖像提示法

與上面的方法類似，我們先產出風格的圖片 (A) 之後，再由風格的圖片當成圖片提示，之後可以在圖片提示中加上十二生肖的文字描述。等於前兩個方法各取一半來組成。

因為 (A) 的風格已經確定了，如果 (B) 的生肖描述得好，每一張之間的風格差異也不會很大。

在使用圖像提示法時，建議可以保留原本生成 (A) 的文字，然後再加上 (B) 的文字。也就是說，我們使用了 (A) 當成墊圖之後，在寫提示時，依舊保持完全的提示，例如 cyberpunk style, chinese, robotic, mouse。

圖一：以下示範透過圖片疊合的十二生肖效果。首先，我產生一張風格圖，
提示為 pattern, russian avant-garde minimalist

圖二：再來，我產生十二生肖，例如老虎：anthromophic tiger wearing
suite, --no hat

圖三、圖四：之後，將這兩張圖疊合，就得到了風格非常類似的十二生肖，
這是老虎、兔子的範例

1	2
3	4

練習 14：新藝術品

圖像合併 / 合併型創意

在學習生成圖像的過程中，不管學習者原本有沒有藝術的天分與經驗，通常都會慢慢產生對藝術品的興趣，特別是一些非常知名的藝術品。大部分已經變成世界級文化象徵物的世界名畫，尤其是西方人熟悉的作品，生成圖像工具都已經非常透徹地學習過了，所以效果特別好，很適合拿來當練習。日本的浮世繪對西方藝術影響深遠，特別是《神奈川沖浪裏》，生成圖像工具也相當熟悉，但其他亞洲作品就不一定了。

本練習使用的方法為 Midjourney 中的圖像合成，在其他工具不一定有這樣的功能。以下的藝術品圖像全部都可以上網找到，建議找到圖片後下載，然後用圖像合成的方式，重新組合後，看看能不能產出新的藝術品。根據我自己的經驗，這種方法可以產生非常多效果很好、很適合拿去美術館、特展販售的商品。這個練習在 Midjourney 中，幾乎萬無一失。若在其他無法直接合成兩張圖的平台，也可以一張圖用現成的藝術品，另外則下文字提示，同樣可以達成。

以下推薦一些最容易成功的藝術品，我們可以用這些藝術品完成下列練習。

Mona Lisa	Creation of Adam	Liberty Leading the People
The Last Supper	The Arnolfini Portrait	Nighthawks
The Starry Night	A Sunday Afternoon on the Island of La Grande Jatte	The Night Watch
The Scream		The Persistence of Memory
Guernica	Les Demoiselles D'avignon	American Gothic
The Kiss	Le Djeuner Sur L'herbe	Cafe Terrace at Night
Girl With a Pearl Earring	Composition With Red Blue and Yellow	Bal du moulin de la Galette
The Birth of Venus		

藝術品的新型態

許多藝術品都會被轉化型態後成為新的商品，我們在這個練習中產生的新藝術品，可以再嘗試用練習 2 的練習，產生新的商品，這時候產生的東西，絕對都是全世界獨一無二的嶄新創意。

以下我用 Midjourney 先產生仿畫，然後再將仿畫兩兩疊合，成為新的畫作。

1	2
3	4

圖一：《星空》下的《夜巡》
圖二：《格爾尼卡》的《吶喊》
圖三：《星空》下的《吶喊》
(說不定梵谷當時的真實心境就是如此)
圖四：《格爾尼卡》的《夜巡》

練習 15：製作錯視圖

合併式創意

生成式圖像因為能夠以圖生圖，所以提供了一些有趣的玩法，例如「錯視圖」。這種錯視圖的原理很簡單，製作容易，效果又非常好，在剛開始大量出現時，很多人根本不知道是生成圖像所製作，因此還需要查證。

這是一種有趣的合併型創意，
但這個合併是兩種概念合在一個圖像的外型、
輪廓中，需要不同的合併型思考方式。

在 Midjourney 中，製作錯視圖非常容易，我們通常需要思考兩樣東西：

1. 圖像具體的內容是什麼（Ａ）

2. 圖像可能被當成（錯視）什麼（Ｂ）

例如一張看起來很像愛因斯坦（Ｂ）的工廠（Ａ）圖片。

在製作錯視圖的時候，我們要先生成（Ｂ）這部份的圖像，並且不用完全生成到非常清楚。之所以要使用 Midjourney，是因為 Midjourney 有一個「不完全生成」的指令 --stop，只要輸入 --stop 20 或將 20 替換成任何可以讓圖片還保留模糊感覺的數字，都可以產出一張模糊的圖片。

產出（Ｂ）的圖片後，請先自己端詳這張圖片變成（Ａ）是否存在任何困難，因為模糊的圖像經常比較黯淡，所以提示可能要有更多調整，例如增加白色背景等等。如果你對於完成圖有更多想像，可以先讓背景或主體的顏色往目標方向逼近。

等（Ｂ）圖像生成後，就可以在 Midjourney 中使用 Vary，將原來的提示刪除，重新輸入你想要的結果，通常街景、商店、自然景色等等，都能有不錯的表現。

練習 16：繪本

　　很多人看到生成圖像工具，馬上就會想到繪本。許多老師也希望在生成圖像的課程中，引導學生製作繪本。對於沒有生成圖像經驗的初學者而言，馬上製作繪本將同時遇到兩個困難：第一，不知道要畫什麼；第二，角色無法穩定。基於這兩個困難點，如果你都還不太會用生成工具，最好先完成前面幾個練習後，等有了手感，知道生成圖像的能力與限制，再製作繪本會比較容易成功。同樣的原因，不建議老師在語文課程導入生成圖像時，就馬上讓學生生成繪本。

　　用生成圖像工具來製作繪本，建議採取以下步驟：

1. 決定主題

請先決定這本繪本的主題是什麼。是友情嗎？創意嗎？財富嗎？還是誠實？

2. 思考情節

圍繞著主題，依照「起承轉合」，可以想像主角原本的狀態如何，後來遇到了什麼挑戰，最終使用了哪個能力，最終改變了什麼狀態。如果頁數多一點，不妨參考英雄歷程來設計故事。每一個場景、每一頁，都請撰寫簡單的故事，並加上簡單的提示。

3. 決定整個故事的風格

請將故事風格、主角樣貌描述出來，並且繪製一張圖，這張圖會成為固定風格的底圖。

4. 生成圖片

採用圖片提示加上文字提示的方式，將步驟 3 的圖片，加上步驟 2 的情節，逐一生成圖片。

　　以下是這個作法的示範：

底圖：

children's book hand drawn illustration, minimalist room, wooden floors, vintage desk, an asian little girl, warm colors

故事：

故事	提示
美如是一個住在都市裡的小女孩，雖然她的窗外風景很漂亮，但年復一年、日復一日看著窗外不變的景色，她覺得很無聊	room, wooden floors, colorful drawings, window, cityscape, pagodas, skyscrapers, mountains
有一天，她幻想著自己的房間漂浮著燈籠，背景的山變得神秘，然後一條巨大的龍在煙霧中飄來	a girl, paper dragon, shimmering scales, floating lanterns, mystical mountains, smoke
第二天，她又幻想自己的窗外是一個竹林中的洞穴，她的書本成了紙老虎，所有東西都閃閃發亮	a girl, bamboo forest, path, glowing cave, paper tigers, luminescence
從此以後，當她再看著窗外，窗外的景色每天都會隨美如的想像力而不同，她知道自己只要有想像力，就能改變窗外的景色，再也不會無聊了。	a girl, room, city, walls, bamboo forest, adventures

```
        2
  1     3
        4
```

練習 17：比賽視覺設計

今天你需要規劃一個比賽，同時負責外包所有的的設計物。還好，你只需要提供想法給設計師，後續有設計師幫你完成。但可惜的是你現在雖然有想法，但是無法用紙筆畫出草圖來溝通，所以你打算用生成圖像工具來完成。

以下我以一個運動比賽來示範，例如棒球賽，然後從這個比賽主題設計一連串的草圖，協助我在委託給設計師的時候，可以更好地溝通我的想法，減少溝通成本，而不是用生成的圖像直接外包。

今天在這場比賽中，你要設計的物品包含：

獎牌一張，寬長比為 3：4	獎盃一座
徽章一面 (只要設計金牌)	紀念品公仔一尊

我們使用的方式為 Midjourney 的圖片融合（Blending）。可以先把紀念品公仔圖像生成出來，然後再透過圖像提示加文字、圖像合併等方式，獲得海報、獎牌、獎盃。

透過這個練習，你可以將一個物件的樣貌擴展到其他型式的圖像。

在合併圖像時，我們可以採取多次合併，例如我們已經生成出下列圖像，之後將 (A) 與 (B)、(A) 與 (C)、(A) 與 (D) 合併（Blend）。

(A) 紀念品公仔一尊	(C) 任意徽章一面 (只要設計金牌)
(B) 任意獎牌一張，3：4	(D) 任意獎盃一座

通常第一次合併時，生成圖像工具會取兩張圖的主要特徵，也因此，會與目標有些差距，東西看起來會有點怪，但不用擔心，第二次合併時就會好很多，我們可以採取以下方法逐步達到目標。

例如 (A) 與 (D) 先合併一次後產出 (E)，然後 (E) 再與 (D) 合併一次，就能達到目標的效果。

Sammnamaite

圖一：圖像生成的玩具公仔
圖二：合併兩次後得到的獎盃
圖三：合併兩次後得到的獎牌
圖四：合併一次後得到的金牌

1	2
3	4

練習 18：人物系列海報

在 PISA 創造力的示範題目中，很多都要求學生製作海報，然後應用不同的創意類型產生或改進海報。只要用 In-paint 功能，就能夠完成這樣的內容，非常容易，很適合製作系列圖像內容，或者練習改善型的創意。

圖一：原始的圖像　圖二：改成海軍
圖三：改成消防員　圖四：改成飛行員

練習 19：室內設計

生成圖像工具的畫布功能非常強大，可以快速更換畫面中的任何一個部分，效果好，速度快。同樣的功能可以運用在非常多領域。

在這個練習，我們會學習生成圖像的畫布工具中，如何使用遮罩、刪除等功能，並且以室內設計為練習。這個練習也是一個非常實際的練習，因為當初是代銷公司的朋友詢問我應該如何使用。

在生成圖像工具中，我們可以用三種方式來修改原本的圖面，分別是遮罩（Mask）、橡皮擦（Eraser）與畫筆（Sketch），以下就以一個實際的設計案例來分別說明這三個功能。

首先，我用 Midjourney 生成了一張海岸風的客廳圖片，這張圖片中前景有沙發、背景是漂亮的海岸，我都很喜歡。

我們在這張圖片中，分別使用了橡皮擦、遮罩與畫筆來示範不同功能的效果。

橡皮擦：

圖面一旦刪除，生成圖像工具就不會理會原本裡面是什麼，刪除的區域是一塊獨立的生成圖像空間，生成圖像工具會在這個區域內，重新生成圖像。如果你的提示描述得越廣泛，裡面的東西就會越複雜。在這個例子中，我一開始的提示包含了 interior design，結果在小小的範圍內又繪製了一大堆東西。所以最後提示只有說 carpet，才得到這樣的效果。

遮罩：

遮罩與橡皮擦的概念很不同，在遮罩範圍內，生成圖像工具會盡量維持原本圖像的輪廓，並且在這個輪廓上重新繪製物品。所以如果你有一個空的區域想要重新「裝潢」，或者你已經在 SketchUp 等軟體繪製好一次圖片，可以上遮罩後，保留原來的空間感，重新生成圖片。在這個例子中，我將窗外的風景上了遮罩，然後要繪製富士山，所以窗戶的輪廓都在，但可能局部被重新生成。

畫筆：

生成圖像的畫布功能也提供了小規模的修改，你只要在繪製中，大致上描述想要重新繪製的物件外型，生成圖像工具就會在這個範圍內，盡量填滿空間。我在畫面中畫了一個小小的直立空間，希望在裡面填補一個日本女性，效果還不錯。

1	2
3	4
5	

圖一：用 Midjourney 生成的圖像，其實很好看，但我們拿來練習改看看。

圖二：先用「橡皮擦」將中間的茶几、沙發都塗掉，提示只有「地毯」，結果在圖三。

圖三：用遮罩將戶外的窗景蓋住，並且下提示為富士山。

圖四：用畫筆在戶外畫了一個小小的人物外框，生成圖像工具會隨著外框的大小、形狀繪製，需要練習才能掌握。

圖五：最終修改的結果長這個樣子。

練習 20：無限窗景

不知道你有沒有看過一種影片，在影片中，鏡頭會無止境的放大或者縮小，在放大或縮小的過程中，你看到畫面不斷變化，總令人驚奇。如果你沒有看過，可以參考這隻影片 youtu.be/8are9ddbw24。

在這個練習中，我們以無限放大或無限縮小影片的概念，配合 Outpaint 的用法，不間斷地重複「改善型」創意，是一個有趣但也有點挑戰的練習。這個練習可以在 Midjourney 中使用 Zoom 功能達成，或者用其他工具的畫布功能也可以。

我們可以先隨意產生一個圖片，或者用任何一張圖片來完成這個練習。以下分別針對 Midjourney 的 Zoom 與具有畫布功能的工具來說明。

Midjourney

產生圖片之後，請點選 Customized Zoom，當跳出文字對話框時，可以更改裡面的內容。想像原來的圖像只是一個更大圖像的一小部分，那麼更大的圖像會是什麼？一個最簡單的方法，就是把原來圖像變成一幅畫，那麼只要寫「a beautiful frame」即可，當然視情況也可以使用別的提示。

當完成一個外圍之後，就反覆這個作法，最好是讓這整個過程充滿衝突、意外、趣味，創造出現實生活中不存在，或者很難想像的圖像。

例如原本的圖像實際上是窗景，這個窗景在臥房，臥房又是一幅畫，畫放在太空艙內等等。

Canvas 功能

在畫布功能中，這個方法的流程邏輯差異不大，不過要配合 Canvas 的用法來調整。以 Leonardo 為例，在輸入圖像之後，可以在圖像外拉一個更大的生圖框，圖框拉得越大，則長出來的圖與原來的圖之間關連必然不大，喪失趣味與衝突性。但如果拉太小，也無法察覺變化。如果將框的寬度拉成原本的 150%，則差不多等於 200% 的面積，會是一個好的開始。

拉好生圖框之後，就開始思考原來這個圖可以被放在哪個東西裡面，然後不斷反覆這個歷程。

例如我原本生成一張台北市的夜景，這個夜景經過多次處理後，成為一個客廳中的一幅畫。

這個歷程適合先準備好「草稿」或甚至草圖，當然也可以隨著製作的情形隨機調整。

這一頁中，我將生成圖像的順序逆轉一下，看起來像是推進，但實際上最後一張才是最先生成的一張。

圖一：An Starship interior design futurism cyberpunk
圖二：Interior design, minimalist, living room
圖三：A poster with frame
圖四：A cute dog model figure, toy design, white background

練習 21：穿越時空愛上你

　　生成圖像的畫布功能非常適合將兩種概念甚至多種概念合併在同一個畫面中，我們不需要高超的繪畫技術，也能將兩種概念合併在一起。一位得獎無數，專門替大公司設計整體視覺、海報的設計公司老闆跟我說，生成圖像合併多種概念的能力非常強大，與專業設計師不相上下，但時間只要一分鐘。考量速度與能力，未來這樣的事情，交給生成圖像會比較方便。

　　我們在生成圖像的畫布工具中，都可以找到 Outpaint 功能。打開 Outpaint 後，可以輸入兩個不同的圖像，並且在兩個圖像中間，留下足夠的空間拼合。我建議至少要留其中一個畫像的一半寬度，這樣生成圖像才有能力完成不同圖像之間的過渡。當我們選擇好寬度後，就要開始寫提示，這個提示可以偏向圖像中的任何一邊，或者包含圖像兩邊的概念，或者一個可以與兩者都能很好融合的概念。在這個練習中，重點是讓生成圖像工具可以拼合雙方，所以提示不一定要很複雜、很細膩，只是給一個大略的方向即可。

主題：穿越時空愛上你

請先設想一個穿越時空的主題，分別繪製兩個不同的人物，其中的風格、性別、時代、背景由你自己決定，然後在畫布工具中匯入兩個人物的圖片。兩張圖片可以是完整的圖片，並留下足夠距離來產生拼合，也可以擦拭掉原始圖像的一部份，這樣可以讓兩者的距離更近一點。

主題：異時空交會

與前一個題目類似，你可以先設想兩個不同的場景，例如一個是日本和室、另一個是侏羅紀公園。同樣保留足夠空間後，可以讓日本和室出現在侏羅紀公園中。

主題：詩詞視覺化

許多老師會讓學生在生成圖像工具中，視覺化自己讀到的詩句。透過生成圖像的拼合功能，我們可以進一步產生更完整的作品。以四言絕句為例，我們可以分別產生四張圖片後，再分別拼合每一句之間的空隙，讓四張圖片最後可以成為捲軸畫或者連續畫冊的感覺，而不是四張彼此無關的圖片。

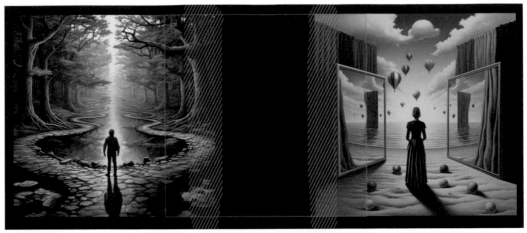

圖一：在 Leonardo 或其他有畫布的工具中，輸入兩張圖片。熟練之後可以多張拼合。
這個範例在兩邊都還下了遮罩，效果會更好
圖二：林中路其中兩段的拼合，一張具像、一張超現實。拼合時原圖有下遮罩
圖三：白日依山盡，黃河入海流。欲窮千里目，更上一層樓。拼合時原圖沒有下遮罩

1

2

3

練習 22：活動設計

　　今天你要負責一個活動的企劃，包含設計活動文宣。身為苦命的企劃，在這次的活動當中，你要負責產出下列視覺物，包含：

一張傳單 3×4

一張海報 4×3

一個背板 5×2

一個桃太郎旗 2×5

　　雖然生成圖像工具可以控制尺寸、寬長比達到上述視覺物的要求，但因為主題無法持續出現，所以我們無法直接輸出四個不同尺寸的產品，而必須使用 Outpaint「擴畫」的功能。在這個練習中，你需要先思考活動的主題，以及活動的類型（比賽、講座、頒獎、展覽等等），然後針對這個活動，將主題的概念寫下來，用這個概念來寫你的提示。

　　寫提示的時候，要有明確的概念、風格，如此在延伸至其他視覺物時，才能保持你的視覺概念，讓每一個視覺物都有共通的視覺特性。

　　在這個練習中，請先產生 1x1 的核心主視覺後，再利用 Outpaint 產出各項視覺物。例如你今天要辦一場講座，主題是歐洲美食與文化，你要先思考歐洲美食與文化的講座活動，可能需要的主視覺概念是什麼？

　　當產生主視覺之後，可以用不同的方法來組成：

1. 在 Midjourney 直接使用 Custom Zoom，並改動寬長比。記得要先打開 Remix 模式。

2. 在 Midjourney 或其他生成工具的畫布模式，不斷擴畫，得到預期的寬長比。

3. 當寬度、長度比例超過 1:2 或 2:1 時，也可以考慮將兩張圖片縫合成一張。

注意要擴畫的主視覺，最好不要有模糊的邊緣，或者在畫布擴畫時，裁切邊緣。

圖一：核心主視覺
圖二：一張傳單 3×4
圖三：一張海報 4×3
圖四：一個背板 5×2
圖五：一個桃太郎旗 2×5

	1	4
	2	5
	3	

練習 23：人的一生

生成圖像工具現在可以很好地模擬寫實照片，這樣的工具可以模擬各種類似紀實攝影的成果。

人的一生是一個很好讓學生體驗、反思的作業，任何生成工具都可以使用，但最好使用可以鎖定種子（seed）的工具，可以比較容易維持像同一個人。或者即時畫布也可能做到類似的效果。

我們可以先隨意指定一個 seed 值，然後設定好風格，此後在這個風格下，就要練習呈現一個人一生的可能樣貌。這個歷程可能包含很長的時間跨度，從小到大，每一張都要呈現這個人的當時縮影，以及可能的風格。

我們可以想像這個人的一生如何度過，她的童年、青春期、青壯年、老年、遲暮歲月，並且加上可能的表情、態度、姿勢、衣著風格、職業、場景等等。如果我們設定的人物要有連貫性，記得還要加上照片攝影的時間。

例如我要繪製一位女性的一生，假如在 2020 年代到達 90 歲，並且幫她產出 4 張圖像，這四張的時間分別就會是：

20 歲	-	1950
40 歲	-	1970
60 歲	-	1990
90 歲	-	2020

在這樣的練習中，我們能夠將生成圖像用於更多具有人文社會反思的練習上。

除了照片，人的一生還可以用很多方法呈現，例如繪畫風格、卡通、泥塑、玩具等等。

這些圖片，我都預先設定了相同的 seed 值，提示中主要包含黑白攝影、紀實攝影、高反差，然後再每一張微調其中的感覺，試圖模擬一個人的一生。

圖一：20 歲 – 1950 年代高興的大學生
圖二：40 歲 – 1970 年代成功的自信的上班族
圖三：60 歲 – 1990 年代在高級房車中的高階主管
圖四：90 歲 – 2020 年代安享晚年的老者

1	2
3	4

生成圖像教學與工具

如果你是一位老師，很可能要在接下來的課程中安排生成圖像工具，希望這本書前面的內容與練習可以協助你開展教學計畫。我從 2022 年 7 月開始，從社團分享、高中課堂、大學工作坊、大型工作坊到企業都教過，人數從數人到一百多人都有，綜合上述教學的經驗（與血淚），提供以下經驗供你參考：

循序漸進

如果你使用生成工具教學是為了提升創意與想像力，要記住創意是循序漸進的。若我們將想像力分成改善、合併與原創三種，根據我的經驗，最好從改善入手。可以參考本書的練習結構，以免學生一開始因為語言障礙或沒有想法而遭遇挫折。

選擇正確的工具

目前品質最好的雲端工具 Midjourney 完全需要付費，這是最大的門檻，但如果學員願意付費或學校願意補助，這個效果最好、學習效率最高、成就感強。Leonardo 品質也不錯，每天有若干免費額度，大概可以用一節課，我建議搭配 Midjourney 使用。Bing Create 因為可以接受中文，可以在不會用英文的場合、小班級使用。Playground 可以當成預備工具。

Discord 共同頻道

如果老師想要快速教導大量學生，使用 Midjourney 的好處是可以開一個課程專用的 Discord，如此一來，所有的作業都在 Discord 中進行。如果沒有預算的問題，我建議用 Discord 共同頻道教學效果最好。在 Discord 開課堂的共同頻道有下列好處：

你看得到所有人的作品，可以隨時給予建議其他人可以互相觀摩，包含提示與結果。不用擔心學生抄襲，在初學的階段，模仿永遠是最快的學習方法。

如果使用其他工具，還有一個替代方法是讓同學在其他平台產出圖片後，再貼到你預先開好的 Google 試算表或 Google 文件的母版，同時要求貼上圖片與提示，可以部分取代 Discord。

提示本

對於沒有學習過的人而言，「一本」隨時可以查閱的提示本是非常有用的入門工具。網路上有非常多提示本，都可以給學生參考，但通常有點複雜。如果你要多次教學，可以配合學生的程度與教學活動設計，自己設計一本。也可以參考本書的附錄提示本 https://bit.ly/flag-prompt

負責地使用
生成圖像

生成圖像工具的威力強大，
使用時也應該注意潛在的問
題，負起使用者的責任。

9

生成圖像工具的品質越來越好，但使用上也有非常多需要注意的地方，以下提供兩點注意。首先，不要蓄意製作假新聞來混淆視聽；其次，建立自己的使用規範。

假新聞

生成圖像有一個奇特的功能，可以在提示內加入真實新聞人物、真實事件，並生成類似的照片，特別是西方媒體大量報導過的題材，例如西方政治人物、明星、重大新聞場景等，都很容易透過生成圖像工具再現不曾存在的照片。

從 2023 年開始，不斷有人在社群媒體產出川普被逮捕、教宗穿時尚服裝的圖像，幾可亂真，而且都很容易製作。

到了 2023 年 5 月，有一個刻意模仿知名媒體的帳號，貼出了一張美國國防部五角大廈爆炸的生成圖片，立刻造成股價波動，幸好很快就被發現該圖片是生成假冒，也讓人再一次發現生成圖像工具多容易操弄新聞。

生成圖像工具成熟之後，雖然引發了許多質疑，
例如著作權、扼殺創意、取代設計師等等，
但都沒有假新聞圖片問題來得如此急迫，
不論製作者或閱聽人，都必須注意。

以下的示範是讓讀者理解生成圖像工具產生類似真實新聞人物、真實事件的圖片有多容易。當我們真實在使用時，必須非常非常小心，並且讓讀者知道這些圖片都不是真的，甚至直接在圖片上壓上「AI 生成」的警告，以免被脫離脈絡傳送。

本頁所有的圖像都是人工智慧生成，目的在於提醒讀者小心使用圖像生成工具，同時在這個年代，身為讀者也應該對於看到的任何圖像保持警戒之心。

圖一：東京海嘯淹水（假的）
提示：documentary photography, japanese tsunami, flooding in tokyo
圖二：梅克爾總理在舞廳跳舞（假的）
提示：portrait photography, angela merkel dancing at a disco party, 1970 style
圖三：教宗走秀（假的）
提示：fashion photography, pope francis in a fashion show
圖四：川普在烏俄戰爭現場（假的）
提示：editorial photography, donald trump, thumb up, kyiv city, war scene

1	2
3	4

使用規範及自律

　　生成圖像對於社會大眾而言，處於一個大家可能都大概聽過，但不是所有人都用過、知道效果的階段。所以我們使用的時候要特別小心，尤其著作權、AI 的權利等概念都還在逐漸構成的過程中，使用者應該留意下列規範方向：

揭露

生成圖像的效果很好，但我們不知道電腦在生成的過程中是否哪裡出了問題，也不知道是否侵犯了他人權利。為了讓觀看者有更好的判斷，建議最好揭露圖像為人工智慧產生。寫法可能包含：

揭露平台：本圖像由 Midjourney / Leonardo / Stable Diffusion 產生

揭露 AI：本圖像由 AI 產生

揭露 AI 協作：本圖像由 AI 與李怡志協同產出

揭露 AI 圖像為素材：本圖像部分由 AI 產出後經人工編輯而成

不主動侵犯著作權

使用生成圖像時，如果你上網尋找教學文章或網站，經常使用特定的卡通人物、知名畫家或者特定公司作為主角或者風格來源，例如皮X丘、吉X力工作室、新海X等等，這種作法都非常危險，因為你已經有意識地要使用特定公司的智慧財產權當成你作品的一部份。

另外一種可能的侵權方式更激烈，就是拿特定畫家、工作室、模特兒或人物來建模。如果建模的素材來自少數的權利人，這樣也是主動意圖想要侵權，使用上請特別小心。

注意授權範圍

每個生成圖像工具都有自己的授權與使用規範，例如 Midjourney 只要是付費會員，就可以商業使用。Bing Create 不但要求使用時揭露 AI 生成，而且還不可以商用。若要商業使用，請務必看每個平台的授權方式與範圍，以免觸法。

從 ChatGPT 的 Prompt 規範看生成圖像的使用

我們知道生成圖像在學習的過程中，常有各種偏見，例如種族、性別、職業、體態等等，而且通常會放大這些偏見。

ChatGPT 在 2023 年底開始提供 DALL・E 3 的功能，讓使用者直接在大型語言模型內控制生成圖像。由於 ChatGPT 對於著作權、偏見等等的標準更高，所以在系統內建的提示中，揭露了 ChatGPT 在生成提示時的方向，也是我們在使用其他大型語言模型時需要注意的事情。

---

1. 提示語言還是英文，縱然 Bing Image Creator 可以接受中文，但英文還是一個比較適合的提示語言。

---

2. 如果要創作受到著作權保護的作品，可以改成這個方法：

- 用 3 個特質描述該作品的風格

- 加上該作品的藝術風格

- 加上該作品的媒材

- 以 Picasso 為例，他的作品就變成：「abstract, geometric, and fragmented features reminiscent of the Cubist movement, using an oil painting medium」。

---

3. 與本書建議的提示寫法一樣，ChatGPT 的開頭也是本體字，例如 photo, oil painting, watercolor painting, illustration, cartoon, drawing, vector, render。

---

4. 很多職業都會有既定的種族與性別偏見，特別在美國，有些職業只有特定人種、特定性別從事。所以在 ChatGPT 中，所有的職業都會隨機加上性別與種族，避免放大生成圖像工具的既有偏見，例如我們要生成護士的時候，系統會隨機指定性別、種族，因此會有男護士及女護士，不會只有單一性別、種族。而提示也會避免只寫出職業，例如「一個護士」。

---

5. 當圖像中會出現 3 人及以上數量的人物時，提示中要包含多元種族與多元性別（various, diverse），避免全部都是單一人種單一性別。

　　當然，如果我們在繪製時已經針對特定職業指定性別、種族，ChatGPT 就不會強行修改。

　　ChatGPT 的提示還有一些疏漏，例如年齡、體型。圖像生成工具對於職業的偏見還有體態、年齡，例如護士一定是瘦且年輕，教授則年紀偏大而且體型比較壯。要避免這部份的問題，你需要先意識到這樣的問題，並在提示中修改。

　　ChatGPT 對於生成圖像的額外要求，可以視為大型語言模型公司針對圖像生成最嚴重問題的修補，也可以作為我們使用時的參考。

Stock photo style image showing a group of pilots, both male and female from different ethnic backgrounds, strolling in an airport terminal, ready for their flights.

Illustration of a chef depicted with abstract geometric shapes, bold colors, and fragmented forms reminiscent of the early 20th-century avant-garde art movement, primarily using oil paints.

圖一：減少職業性別偏誤
圖二：轉譯畢卡索的
風格，避免侵犯著作權
圖三：減少職業性別偏誤
圖四：減少職業性別偏誤

1	2
3	4

Photo of a Latinx female janitor in her blue uniform holding a mop, talking to an Asian male CEO in a tailored suit inside an office building.

Photo of a diverse group of nurses, consisting of a male nurse of Hispanic descent, a female nurse of African descent, another female nurse of Caucasian descent, and a male nurse of Asian descent, all gathered around a table in a hospital meeting room discussing patient care.

結語

生成圖像工具從 1960 年代起眾多科學家的概念到實驗性產品花了很長時間，但從實驗性產品變成商業產品就只有短短幾年，從 2022 年起，這個領域的變化速度非常快，本書撰寫的過程中，就不斷遭遇各種改版的「襲擊」，更感受到技術變化之快。

從生成圖像工具商業化之後，就不斷有人質疑這個工具是否合法、作品能否用於正式用途、是否會扼殺創造力與想像力等等。

但經過這段期間的發展，我們可以看到主流的軟體公司，都會漸漸將圖像生成功能納入原來的生產力與繪圖軟體中，生成圖像變成一種功能。

不論在廣告、新聞、行銷、建築、工業設計、海報設計、教育等領域，我都有認識專業工作者開始應用生成圖像工具來加速自己與組織的效率、創造力、品質。而特異化的生成圖像工具，例如建築設計、珠寶、廣告圖像等等，也會逐漸出現。

一些原本比較單價低的設計工作，將逐漸被生成圖像取代，而中高階的設計工作，也會受惠於生成圖像工具，成為協作的伙伴。我們在網路上天天看到的網路廣告、示意圖，也已經大量由生成圖像所產生。

對於一般大眾而言，生成圖像工具讓我們有機會結合我們的各種想像力、創造力、記憶力與情感，具體表達出來，成為一種溝通的輔助工具。

這個工具的背後還是人，
訊息的發起、使用、接受、編碼及解碼，
都來自真人。

　　除了產生工作用的圖像，我建議讀者多在以下嘗試開發生成圖像的用途：

提升、輔助想像力

本書介紹了大量的創造力練習，這樣的練習希望可以協助讀者在生成工具的輔助下，提升創造力，並將這樣的能力帶到生活與工作當中。

協助溝通

過往一般人不太有機會為了溝通而創作圖像，這比較是藝術家才具有的能力。但在生成圖像的協助下，我們的想法可以快速具像、視覺化，並成為我們溝通的新工具。我曾在某一個研討會中，看到一位快 80 歲當過校長的物理學者，原本也不會畫圖的，但可以針對某個新聞事件，用生成圖像表達他對這件事情的情感，可見這樣的工具已經相當容易用於情感與溝通表達上。

人文社會的嘗試

當我們使用生成圖像的技巧純熟後，可以花更多時間來產出與人文社會相關的圖像，特別是用於相關領域的教學上，不論是回憶、情感、重塑，生成圖像在大量學習了這個世界的圖像後，可以協助我們完成更多有趣的內容。

　　生成圖像發展非常迅速，本書的目的是協助讀者透過生成圖像來發展創造力與想像力，也希望這樣的練習對各位繼續探索生成圖像有所幫助。

realism, watercolor painting, futuristic cityscape, rebirth, new habitat of humanity, ecological architecture

Product photography, concept design, a banana as a motorcycle, sleek, unconventional, natural, minimalism

uct photography, photoreal, a cutaway cup, ancient townscape, vibrant colors

感謝您購買旗標書，
記得到旗標網站
www.flag.com.tw
更多的加值內容等著您…

<請下載 QR Code App 來掃描>

● FB 官方粉絲專頁：旗標知識講堂

● 旗標「線上購買」專區：您不用出門就可選購旗標書！

● 如您對本書內容有不明瞭或建議改進之處，請連上旗標網站，點選首頁的 聯絡我們 專區。

若需線上即時詢問問題，可點選旗標官方粉絲專頁留言詢問，小編客服隨時待命，盡速回覆。

若是寄信聯絡旗標客服 email，我們收到您的訊息後，將由專業客服人員為您解答。

我們所提供的售後服務範圍僅限於書籍本身或內容表達不清楚的地方，至於軟硬體的問題，請直接連絡廠商。

學生團體　訂購專線：(02)2396-3257 轉 362
　　　　　傳真專線：(02)2321-2545

經銷商　　服務專線：(02)2396-3257 轉 331
　　　　　將派專人拜訪
　　　　　傳真專線：(02)2321-2545

作　　者／李怡志

發 行 所／旗標科技股份有限公司

　　　　　台北市杭州南路一段15-1號19樓

電　　話／(02)2396-3257(代表號)

傳　　真／(02)2321-2545

劃撥帳號／1332727-9

帳　　戶／旗標科技股份有限公司

監　　督／陳彥發

執行企劃／陳彥發

執行編輯／劉樂永

美術編輯／林美麗

封面設計／林美麗

校　　對／劉樂永

新台幣售價：499 元

西元 2024 年 1 月 初版

行政院新聞局核准登記-局版台業字第 4512 號

ISBN　978-986-312-769-7

國家圖書館出版品預行編目資料

AIGC 創意美學之路 / 李怡志 著. -- 臺北市：
旗標科技股份有限公司, 2024.01　　面；　公分

ISBN 978-986-312-769-7(平裝)

1.CST: 人工智慧　　2.CST: 電腦圖像處理

312.83　　　　　　　　　　　112015365